地理中国 地理系列丛书

秦昭 著

不仅可食，还是一道风景

中国林业出版社
图·图阅社

乌尤尼盐湖景色之美堪比画家的画作，然而这样美丽的景色被两条由远而近的车辙打破了。人类无处不在。

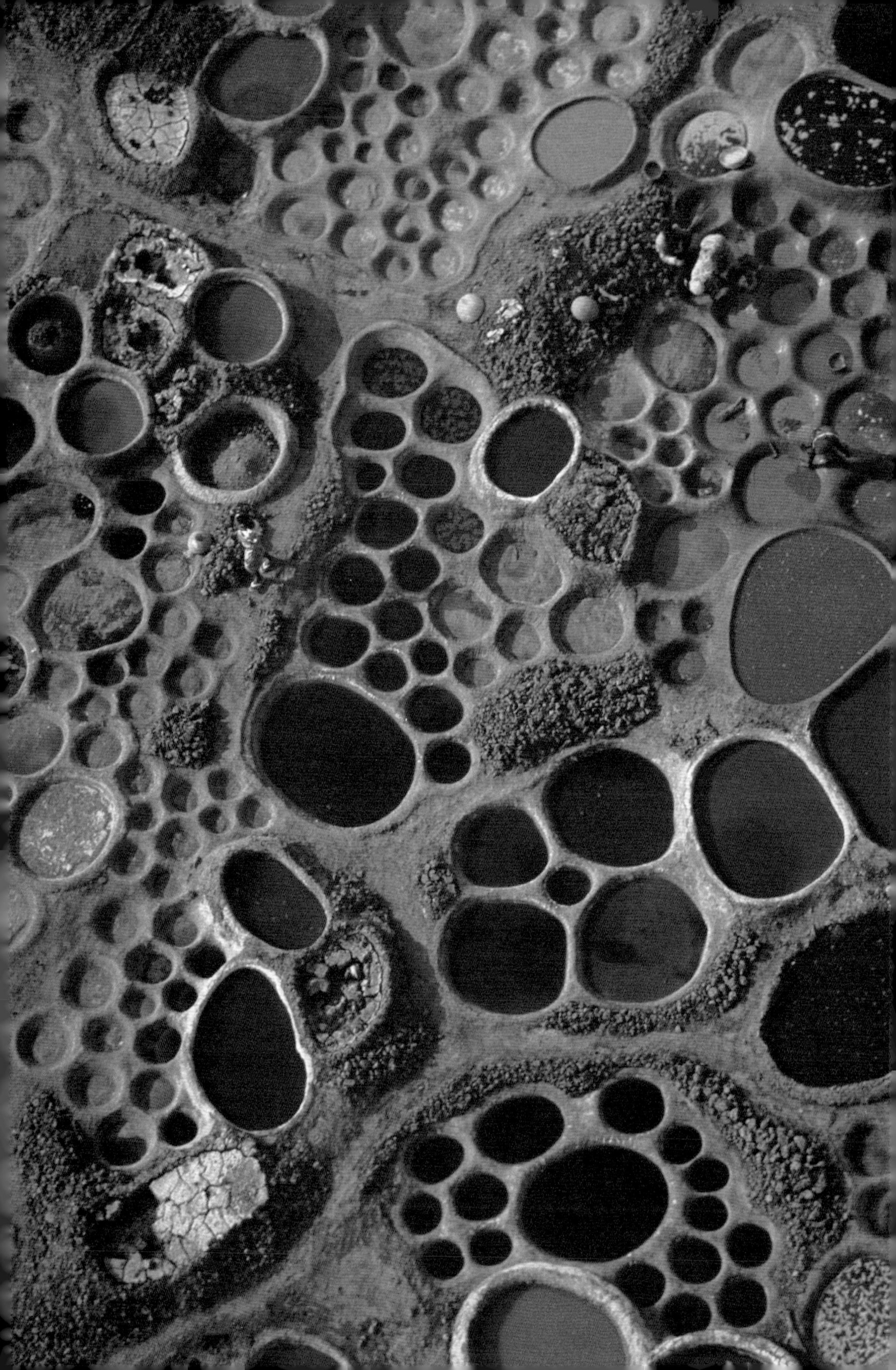

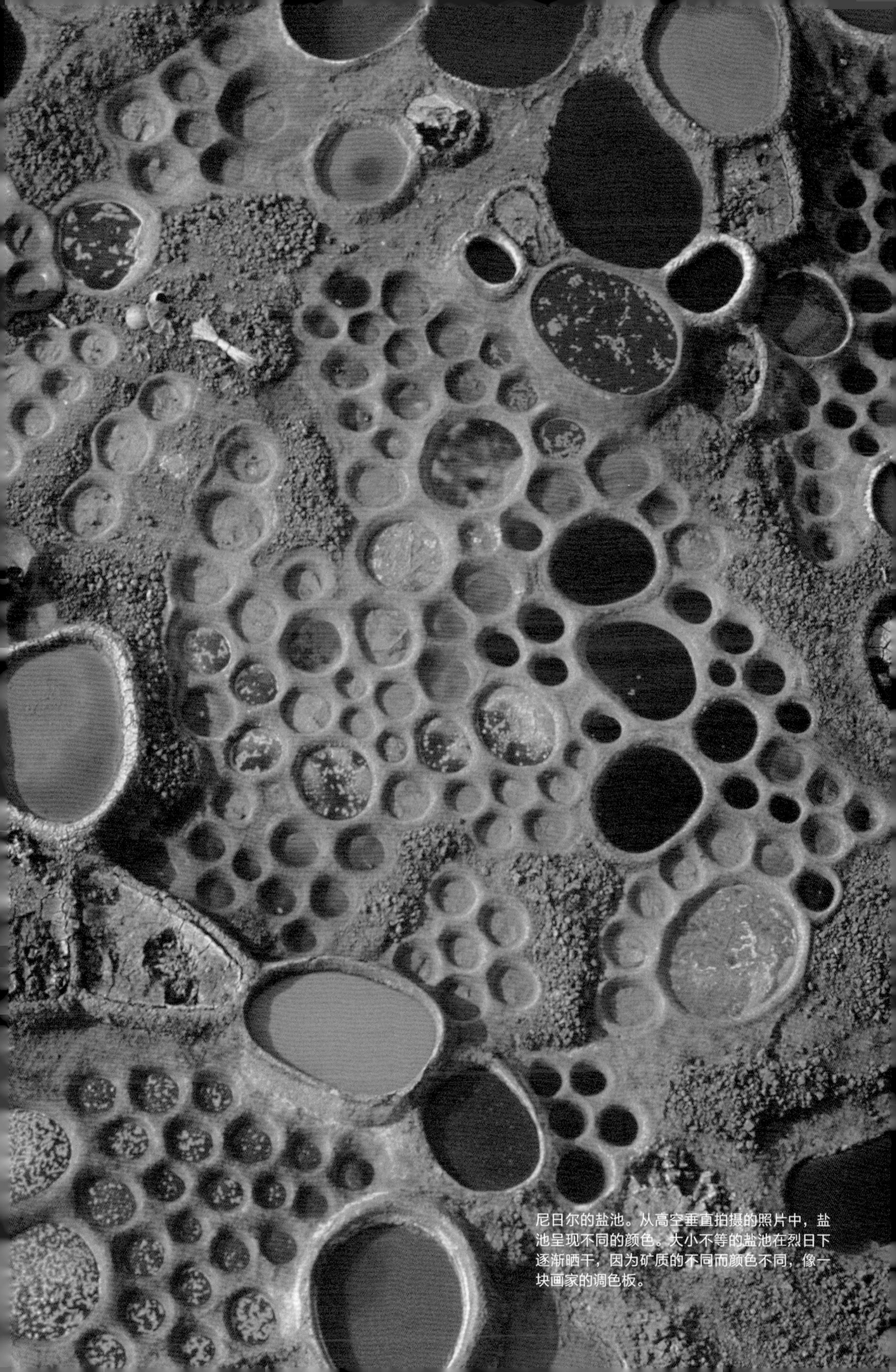

尼日尔的盐池。从高空垂直拍摄的照片中，盐池呈现不同的颜色。大小不等的盐池在烈日下逐渐晒干，因为矿质的不同而颜色不同，像一块画家的调色板。

前言

说到盐，人们脑海里最先浮现的动词肯定是“吃”。而这本书说到的盐却是用来“看”的。盐在这里是作为一种景观，而不是一种食物出现在读者的面前。作者通过文字和大量让人叹为观止的图片让盐走下了餐桌，走回到它在自然界的原始状态，让它展现出许许多多鲜为人知的奇异地理和人文景观。

在地球上无数的矿物质当中,盐是最常见的存在形式，它在地球上分布极广，蕴藏量也极为丰富，可以说是取之不尽，用之不绝。不过盐并不愿与人类为伍，它几乎全部藏身于远离人类聚居地的大自然怀抱里。

在南美洲的安第斯山巅，大盐湖为大地镶嵌上了一块地球上最大的明镜；在中东干热的黄沙大漠里，死海放射出耀眼的碧蓝；在美国的腹地深处，盐塑造出千奇百怪的

蓝色的硫酸铜晶体带着冷静与神秘的美丽。盐可以有丰富多彩的颜色，多到超乎你的想象。

粉色的盐晶体如芙蓉石一般美丽，它就是化学常用试剂氯化锰——含有正二价锰的氯化锰显出温柔甜美的粉色。

盐石雕塑；在地球表面最低洼的卡纳克里凹地，火山让盐晶开放出邪恶艳丽的花朵。盐让湖泊呈现惊人的粉汤赤水。盐让大地出现美丽的白土银沙。盐在地下洞穴里塑造了晶莹的水晶宫。盐在大地铺开了五彩拼图。

但是自然界千姿百态，姹紫嫣红的盐的地理奇观至今仍是鲜为人知。普通人对盐的认识主要还是与吃和用有关。盐与人类的生活息息相关。“可以三日无食，不可三日无盐”，没有盐，人和动物的生命就难以延续。

人类对盐的寻找追逐史与人类本身的历史一样漫长。千万年来人类历尽艰辛，长途跋涉，甚至掘地三尺地寻觅盐。为了生命的基本需求，人类的骆驼队和马帮在茫茫大漠和巍巍大山里行走了数千年，在荒山和大海边开采了数百年。一座座大山被掏空了，一条条“盐路”从青铜时代走到古

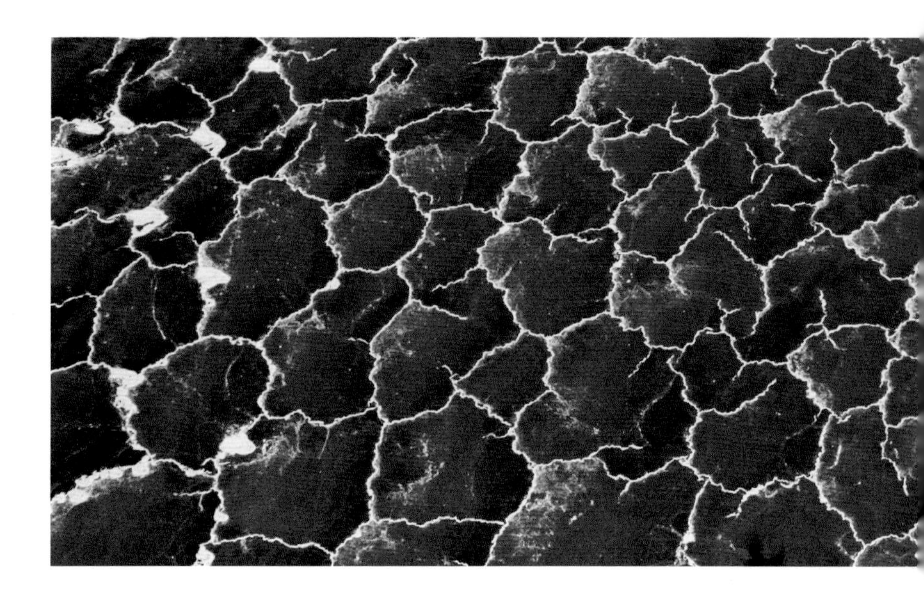

罗马再走到现代，一座座城池在采盐和贩盐积累的财富上建立了起来。人类文明在用食盐储藏食物的基础上发展。

盐和采盐活动为我们留下了数不清的历史故事和民间传说，盐曾被当做货币使用，是“价值”的度衡。盐甚至还深入到了人类的文字和词汇里，同时也在世界各地的老盐矿留下了大量独具特色的盐雕宫殿。这些盐的人工景观让我们观赏到了盐除了实用价值之外的人文之美。

在艺术审美上人类有着共同的标准。艺术家们也往往会被相同的事物激发出创作的灵感。盐，以其晶莹的质地和适中的硬度成为了雕塑的上好材料。采掘后的盐矿洞就是天然的展览馆。它们出现在世界各地的盐矿里。从波兰维利奇卡老盐矿里著名的盐浮雕《最后的晚餐》，到罗马尼亚盐井中华丽的盐厅，从巴基斯坦科瓦尔盐矿橙红透明

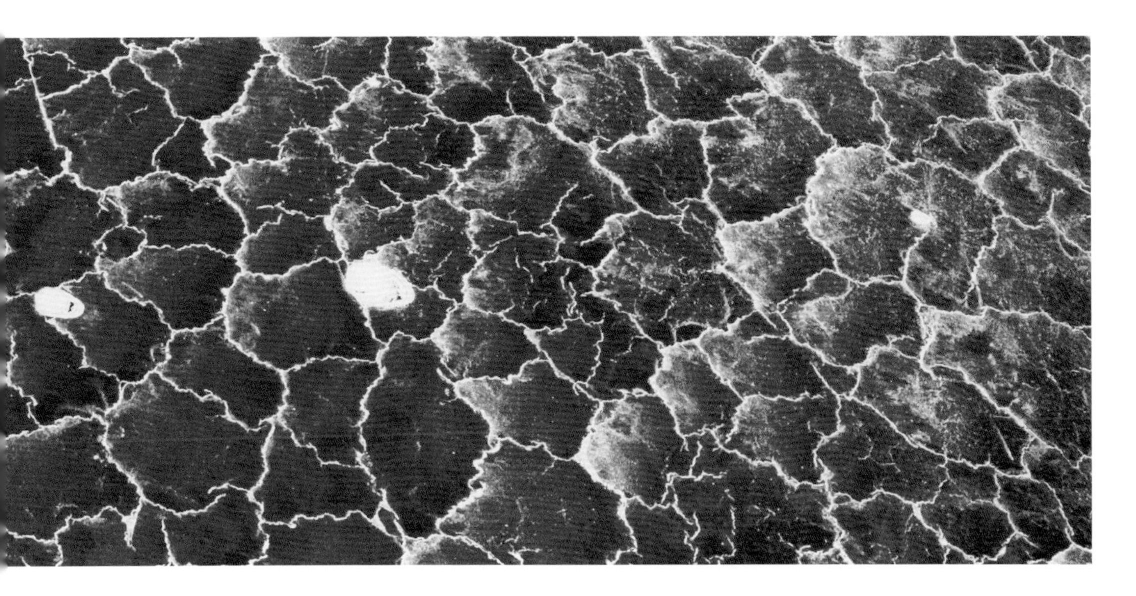

在东非大裂谷的上空拍摄的干涸的盐湖，留下的是红色的斑驳的结晶盐。

的盐砖清真寺到哥伦比亚兹巴圭拉盐大教堂里高大的天主教十字架，还有玻利维亚乌尤尼达盐沼里的盐旅馆，罗马尼亚布拉德盐矿里的盐桥，盐雕不仅具有普通雕塑的艺术美，而且记载了人类发展的漫长历史，这让它成为雕塑艺术中独具特色的一支。

地球亿万年的沧海桑田，孕育出了一本厚厚的大自然教科书。盐景观是这本教科书里重要又美丽的一页。观赏盐景观就是在学习地球丰富多彩的地理知识，也是在温习人类悠久的发展历史。

秦昭

[目录]

南美洲

2000 年，奈卡矿的两个矿工兄弟在 300 多米深的地下矿井里打钻时，在一片石灰岩地层中意外发现了一个马蹄形的暗洞。洞里面又闷又热，如同一个真正的大蒸笼。扑面而来的热气把刚走进洞的矿工兄弟扑倒。他们刚想逃离这个地狱般的地洞，却突然眼前一亮，出现在腾腾蒸气后面的竟是一座水晶宫。只见数不清的水晶柱横七竖八地堆砌在洞底，整整塞满了黑暗的洞穴。

玛雅法老的宝贝洞穴被发现的消息吸引来了墨西哥和西班牙、意大利的探洞者和地质学家，人们想一探究竟。然而，洞里 58℃ 的超高温和 99% 的饱和湿度让人根本就无法进去。探洞者们只好发明了一种土制的『降温服』。他们在前胸后背背上装满冰块的背囊，外面再罩上一件厚厚的绝缘服，并且还要带上特意降温了的氧气罩才能进洞。即使这样，进洞的人谁也难以在里面坚持 20 分钟以上。

乌尤尼盐原，安第斯山的巨型白金矿

1969 年 7 月 20 日，美国宇航员奈尔·阿姆斯特朗和巴斯·阿尔德林第一次在月球上遥望人类的家园——地球，就像婴孩在辨识着母亲身上熟悉又陌生的一切。在黑暗寂静的宇宙里，他们的目光被美洲大陆中部的一大块白色的区域所吸引。它是那样的醒目和耀眼，反射出只有冰雪才会有的银光。宇航员们知道，那里是南美洲安第斯山脉的位置，一定是那地球第二大高原上的冰

这张图以图努帕火山为背景。不难看出，乌尤尼大盐原的表面开阔、平坦，这里气候干燥，天空少云，开车行驶于其上，如同行驶于大自然的一面镜子上。

川雪峰在闪闪发光。

然而他们错了，那片一万平方千米的纯白，是当时被世人知之甚少的玻利维亚乌尤尼大盐原——地球上最大的盐湖。

乌尤尼不仅是世界上最大的盐湖，而且是海拔最高的盐湖之一。它位于南美玻利维亚西南的阿尔蒂普拉诺高原上、安第斯山最宽阔之处。它是安第斯山脉在4万年里几次沧海桑田的地质演变结果。乌尤尼盐原海拔3656米，坐落在山脊之上，扼守着玻利维亚翻越阿尔蒂普拉诺山的主要山口。尽管乌尤尼是个有2～20米水深的盐湖，但在地理称谓上人们更愿意把它称为盐原。这是因为它的湖面上几乎全部覆盖着一层厚厚的盐壳。在一年大部分时间里，乌尤尼是真正的一马平川，只有在每年的12月到次年3月的雨季里，它的盐壳上才会薄薄地积存上一层雨水。

1万平方千米的面积让乌尤尼对“世界最大”当之无愧。但大并不是它的最主要特点。与世界其他著名盐

这里的居民早就认识到乌尤尼盐沼是天然的盐田，所以当地的采盐活动是他们的收入来源之一。当地人常常砌出整整齐齐的小盐丘来曝晒干燥，其中一部分得来的粗盐会送到加工厂进行精加工，而另一部分有可能成为建筑材料。

湖相比，更让乌尤尼独具特色的是那里的气候。人们熟悉的世界大盐湖，不论是中东的死海，东非大裂谷的盐湖，还是美国的犹他大盐湖，无一不位于炎热的沙漠和干旱盆地。而乌尤尼则位于海拔近 4000 米的安第斯高原。这里有两个显著的气候特征。一是天空无云造成的极为强烈的日照，二是高海拔造成的低温。与其他盐湖的干热不同的是乌尤尼的干冷。虽然白天的日照十分强烈，但实际气温却并不高。尤其是在夜晚，只要太阳一落山，气温马上就会降到零度左右。这里夜间的气温全年保持在 −9~5℃ 左右。

乌尤尼的相对湿度也很低。全年平均月降水量不到 3 毫米。只有在 1 月份的雨季高峰期可能会出现较大的暴雨，总降水量达到 70 毫米左右。暴雨在盐壳表面造成一二十厘米的积水。在这时，与其说乌尤尼终于变成了真正的盐湖的样子，不如说它变成了一块硕大无朋的明镜，无比清晰地映射出瓦蓝瓦蓝的天空。

然而在强烈的阳光的照射下，这积水很快就蒸发殆尽，乌尤尼又恢复了干盐原的面貌。在旱季里虽然阳光仍然很强，但气温却难以上升到 10℃ 以上。白色平坦的盐层表面反射了很强的阳光，加强了表面的低温状态，寒冷让盐层变得坚硬无比。

乌尤尼盐原最令人惊叹的是它的平坦。利用卫星定位系统勘察结果表明，这个面积相当于北爱尔兰国土大小的大盐原，坡度差只有不到 1 米。难怪参加地质勘察的科学家们惊叹说：乘车行驶在乌尤尼盐原上，就像航行在没有任何涟漪的白色大海上一样。人们甚至可以看到远方地平线上地球表面的弧度。

乌尤尼的平坦，让它成了地表海拔校正的最佳参考点。传统上在地表高度的测量上，人们利用海平面为参考点，

因为海面最为平坦而且高差极小。但是诸如大气的折射和潮汐、波浪等不定因素会给测量带来误差。而乌尤尼盐原不仅平坦如镜，而且它的上空总是干燥无云，为有关测量提供了比海平面更为理想的条件。

尽管乌尤尼盐原是不多的几个从月球上可以观察到的地球景观之一，但由于它地处荒凉偏僻的安第斯高原上，长期以来除了当地的土著居民外，世人对它知之甚少。近年来，随着探险旅行爱好者对它的神奇的自然景观的宣传，越来越多的人听说了这片辽阔的大盐原，知道了它的湖心岛上那全部用盐砖搭建的奇妙盐旅店，甚至亲身去体验了驱车在无边无际的大盐滩上追逐地平线的神奇经历。乌尤尼独一无二的旅游价值正在被越来越

人们在乌尤尼盐原，住着以盐矿为原材料的房屋，使用盐矿制成的桌子和椅子，乌尤尼的旅游价值正在被挖掘，人们不远万里到这里来体验不一样的自然地理景观。

这是一座以盐矿为原料建造的房屋，室内的陈设也不例外，在这样一栋充满童话色彩的屋子里，会让人产生无限的遐想。

多地发现和追捧。

然而，乌尤尼令人难以估量的真正价值，却隐藏在它的晃得人睁不开眼的白色盐层下面。那是一片同样辽阔的盐水湖泊。其中不仅含有非常丰富的钠、钾、镁的化合物，而且锂的蕴藏量尤其高得惊人。据美国联邦地质调查局的报告，乌尤尼盐湖的锂蕴藏量高达540万~900万吨，几乎占全球锂蕴藏量的一半。有人说，如果乌尤尼的锂矿得以开发，南美穷国玻利维亚将富可匹敌中东石油巨富沙特阿拉伯。

这种说法不无道理。

锂，是现代人既陌生又熟悉的元素。20年前，对大多数人来说，它只是化学元素周期表上一个不起眼的金属，而如今，凡是使用手提电脑和移动电话的人谁又不知道那小巧耐用的锂电池。锂，不仅在现代通讯和信息技术中扮演着至关重要的角色，而且在它的身上承接着地球绿色未来的希望。

人类进入21世纪以后，为了解决日益严重的全球能源危机，寻找新形式的能源日益紧迫。另一方面，燃烧石油和天然气造成的温室效应对地球的自然环境造成了越来越严重的影响，也成了摆在人类面前极为迫切的问题。寻找“绿色能源”是人类可持续发展的最重要的一环。近年来，欧美和日本的许多知名的汽车生产公司为此纷纷研制开发新一代电动汽车，试图用电力驱动代替石油燃料。而为这类电动汽车提供动力的最佳选择就是使用锂电池。

目前世界各大汽车集团虽然陆续推出了各种款式的电动汽车，但并没有形成商业化的大批量生产。其中一个很重要的原因就是锂电池原材料的紧缺。日本的电动汽车主要生产商三菱公司预测，按世界目前的锂矿开采规模，一旦电动汽车成为市场常规的产品大批量生产，几年之内，全球锂材料的供应就会出现危机，价格会随之猛长。因此，西方各国都把目光投向了尚未开发的锂的巨型宝库——乌尤尼盐原。

近年来，日本和法国等西方汽车业巨头和采矿公司都不惜重金，向玻利维亚政府提出了几十亿美元的投资计划。意在开发乌尤尼锂矿，但均遭到了强烈主张独立开发本国资源的玻利维亚政府的拒绝。这个国家的总统莫拉勒斯多次强调指出：“我们绝不会让15世纪以来在这个国家发生过的一切重演。绝不会让外国资本拿走我们宝贵的自然资源，而我们的人民却依然生活在贫困之中。”在“乌尤尼只属于玻利维亚，不属于世界”的口号下，玻利维亚政府正在计划小规模投资开发乌尤尼的锂矿资源。面对世界各国急迫的目光，莫拉勒斯总统的回答是：“必须按我们的时间表进行。”

人类贪婪的目光已经盯上了乌尤尼。这片洁白无垠的大盐原，这块几万年未被人类沾染的处女地，这片地球上独一无二的奇异地理景观。20年以后，从宇宙的星空中，人类还能见得到那片耀眼的洁白吗？

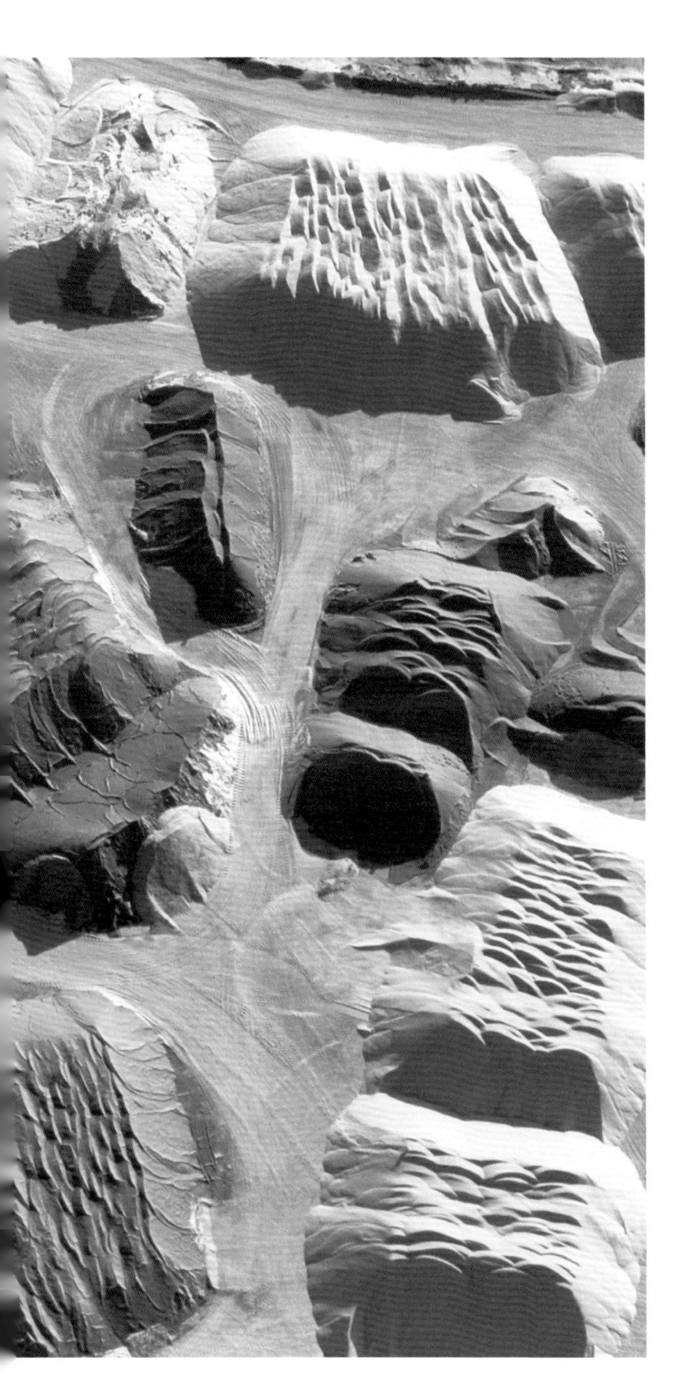

智利阿塔卡马盐沼，锂盐的大宝库

在离举世闻名的玻利维亚乌尤尼大盐沼不远的地方，智利的安第斯山脉中也有一个在面积上与乌尤尼盐沼不相上下的阿塔卡马盐沼，它的面积 3000 平方千米，是世界上仅次于乌尤尼的第二大盐沼，虽然阿塔卡马盐沼没有乌尤尼那样赫赫有名，但它的几大特色是世界上其他盐沼、盐湖无法比拟的。

阿塔卡马盐沼是一个被火山链包围的、平均海拔 2300 米的高原盆地，它的东面是安第斯山的主脉，一连串的火山矗立在盆地的边缘，其中有智利最活跃的火山拉斯卡尔火山，在盆地的西面是安第斯山的支脉多米科山脉，阿塔卡马盆地没有河流流出，是一个降雨量极少的干漠高原，只有每年安第斯山融化的雪水流向这个低洼的盆地，然后在极干燥的环境里全部蒸发掉。

矿物质和大量的盐分被雪水携带着从四周山脉上流下来，沉积在盆地上。水分蒸发掉以后，形成了结晶盐的盐壳。几万年时间过去，这盐壳越来越厚。混

智利大盐湖边打捞盐堆积如山，在这里“山”不是一个简单的形容词，而是真正的“盐山”。

杂着大量火山的盐壳呈现出灰黄色峥嵘崎岖的地表。

与乌尤尼大盐沼相比，阿塔卡马盐沼虽然同样宏大辽阔，但壮丽不足峥嵘有加，这是因为前者每年有一定的降雨量保证。因此每年雨季过去，乌尤尼盐沼的表面都会积存有薄薄的一层积水，这水面把大盐沼变成了一面硕大无朋的明镜，成为地球上独一无二的壮观景色。

而干旱的阿塔卡马盐沼缺乏降水的滋润，干涸的盐壳被风化成大量凹凸参差的盐结晶地表物。又因为阿塔卡马盐沼远不如乌尤尼盐沼的颜色那样银白耀眼，它的地表盐层灰暗浑黄，看上去更像一片荒漠。

但是在阿塔卡马盐沼里的有些地方，盐壳裂开，露出了厚厚的盐壳下的咸水湖，这些碧兰翠绿的盐湖为茫茫大盐沼增添了十分亮丽的色彩。在阿塔卡马盐沼大大小小的盐湖中，沙克萨盐湖是最美的一个，它位于盐沼的西边，离智利的阿塔卡马圣伯多城约 50 千米，这是一个很浅的盐湖，碧绿色的湖水在耀眼的阳光下发出宝石般的光芒，在旁边矗立的土红色的火山衬托下，一派在地球上极为罕见的壮丽高原风光。

然而让沙克萨盐湖更有名的是，它是南美洲 3 种珍稀火烈鸟的栖息地，浅浅的湖水中大片大片密集得如同粉红色云朵一样的火烈鸟群，让阿塔卡马盐沼这片人迹罕至的高原不毛之地有了勃勃的生机。

除了独一无二的壮美自然风光外，它是目前世界上最大的锂盐矿，锂的蕴藏量占世界锂蕴藏总量的 27%，生产量为世界锂生产量的 30%。虽然玻利维亚的乌尤尼盐沼号称拥有世界最大的锂矿蕴藏，但是从开采可行性来看，阿塔卡马盐沼因其极少的降水量和极高的蒸发率，更有利于锂盐的生成和开采，因此在锂的开发生产上有更重要的意义。

低降水和高蒸发造成的极干燥气候，使阿塔卡马盐沼

阿塔卡马盐沼自然保护区内，栖息着濒危珍稀动物——火烈鸟，它们体型大小似鹤，外形美丽，举止优雅，能够飞翔，但是起飞前需要一段增加动力的助跑。

的空气里的水蒸气极少，因此那里的可见度达到了让人难以置信的距离，在天气晴好时，人们可以从盐沼的一面看到 70 千米外的另一侧，因此经常使不习惯这种情况的人出现对距离的估计误差，出现“望山跑死马”的情景。

而天文学家们正好利用了阿塔卡马盐沼的气候特点，他们借助这一地区的低光污染和高空气清晰度，在这里建造了许多天文观察点。著名的欧洲天体观测站、美国大学联合天文观察站、日本国家天文站、智利国家天文台和加拿大、法国等国家的天文学家都在阿塔卡马建有自己的天文观测点，几十座世界最先进的天文望远镜都安装在这里，成了阿塔卡马盐沼的最新最醒目的地标。

目前，阿塔卡马盐沼的一部分已经被智利列为火烈鸟自然保护区，总面积达0.74平方千米。在这里宏伟的火山锥、碧绿的高山盐湖、红色的火烈鸟群和有着数百年历史的与世隔绝的土著人小村庄，还有可追溯数千年历史的南美大陆考古遗址，成为寻找世外桃源的人们眼中的天堂。

秘鲁玛拉斯盐田，古印加帝国的遗产

古老的马丘比丘遗址在安第斯山巅，悲怆地俯视着印加帝国的神谷乌鲁邦巴山谷。一切都笼罩在神秘厚重的历史迷雾之中。那个曾经以太阳之子的光辉统治了安第斯山辽阔的疆土，创造了南美洲灿烂文明的伟大帝国，几乎是在一夜之间消失了踪影，只给后人留下了空无人烟的雄伟城池、荒芜

神坛一样的圆形梯田和宏伟太阳神殿的断壁残垣。

然而，在乌鲁邦巴神谷里有一面奇特的山坡。印加帝国的子孙们仍在那里延续着祖先的生活足迹，耕耘和收获着已经流淌了千年的白色金子——盐。那就是与马丘比丘齐名的古印加盐田——玛拉斯。

玛拉斯盐田位于离古印加帝国之都、秘鲁的库斯科古城 40 千米的乌鲁邦巴大山谷里，那里曾经是庞大的印加帝国的心脏。山谷特殊的地理环境和气候条件造成了富饶的农业，是举世闻名的南美玉米的重要产地。这里的玉米生

秘鲁玛拉斯盐田就在坐落在山谷之间，突然映入眼帘，你会被它的规整和奇特所吸引，这就是当地人世世代代传下来的盐田，每个家庭都有祖上传下来的一小块。

产至少有七八百年的历史了。山谷中还有着丰富的自然资源，盐就是其中之一。

由于印加人没有文字记载的历史，很难知道从什么年代起人类就开始在这条山谷里采盐。也不知道是谁、在何时发现了那条带来“白色金子”的地下河。它从安第斯山上流淌下来，一路上留下了白花花的盐迹。自古以来人们年复一年地把流水引入简陋的小水渠，引导着盐水充灌到倚山坡而建的小水池里，经过自然蒸发而得到盐的结晶。

经过上千年的经营，玛拉斯的盐池已经布满了一片山坡。它们倚山势层层叠叠地形成了上千块盐池梯田。这些盐池都不大，面积大的七八平方米，小的只有两三平方米。盐池也不深，只有大约 20 厘米深。一条条小渠在山坡上从上而下穿行在盐池中间，为小盐池送来含盐的河水。盐水缓慢地漫过一层梯田再向下一层流去，充灌了每一个小盐池。每个小池子里水面的深浅取决于晒盐人的精细操作。在小水池壁上都修有进水口和放水口。开始时打开进水口让盐水灌水到十几厘米深。在高原干热的阳光下，水池里的水分不断蒸发掉了，盐水越来越浓缩，池壁和池底上结晶出的盐越来越厚。当主人判断已经有足够的盐晶可以收获后，他就会打开排水孔把剩余的池水放掉，开始收盐。

在池底上结晶出来的盐壳很硬，需要用脚先把它踩碎，然后用一个长木片把池底和四壁上的盐刮下来收集到一起。这种采盐的方式规模很小，只是各家各户极有限的生产。除了供自己的日常需要外，余下来的部分可以拿到集市上卖掉，换些零用钱。玛拉斯盐田上的小盐池多数是当地村民的私人财产，许多是祖祖辈辈传下来的。每个家庭拥有的盐池很少。虽然各家各户只在自己的一亩二分地上收获，但这座梯田式的大型盐田的水流分配、疏导都需要大家的

辛勤的农妇正在自家的盐田中收盐，这是她们的私人财产。雪白的盐田让农妇忙碌的身影更加的鲜明。

共同合作。整个玛拉斯盐田的运作承袭了古印加帝国的传统模式，它是一种传统生产方式，更具有一种文化内涵。

走进雄伟的乌鲁邦巴神谷，从很远的地方就能看到高悬在一面山坡上的玛拉斯古印加盐田。千百年来厚厚地结晶在数不清的盐池壁上的盐，白花花地为土黄色的山坡镶上了一层耀眼的银白色釉彩，在周围绿色的草木的衬托下极为醒目。在白色的小盐池群里星星点点地点缀着一些土黄色和棕红色的盐池。这彩色的盐来自盐水里裹带的土壤和矿物质的颜色，被称为玛拉斯彩盐。

玛拉斯盐田生产的盐在本地只是人们日常生活中最普通的食物。但是在国际上，因为古印加帝国的古老文化和神秘传说，因为它的独特的采盐传统，也因为这个高悬在安第斯盐山上奇特的地理景观，让玛拉斯盐有了不凡的身价。一些欧美和日本的名厨推出了据称是色、香、味俱佳的玛拉斯盐做配料的佳肴，让它的名声越来越大了。

西帕基拉盐矿大教堂，哥伦比亚的第一大奇迹

把一个盐矿列为本国第一大奇迹，这在世界上恐怕只有哥伦比亚一个国家。的确，对于哥伦比亚人来说，西帕基拉盐矿不仅具有重要的经济价值，而且在这个国家的文化、宗教和地理上有着独特的意义。

西帕基拉盐矿位于哥伦比亚首都波哥大西北不到 50 千米的地方，海拔 2652 米，这里在 2 亿 5 千万年前曾经是海底世界，沉积了厚厚的盐层，大约 7 千万年前，地壳运动使南美洲的安第斯山脉升起，也使这片地下盐层抬升到地表。据考古学研究，早在公元前 5 世纪，安第斯山的土著穆斯卡人就开始在这里采盐了，采盐及盐的商贸交易曾经是当时最重要的经济活动，很大地促进了穆斯卡文化的繁荣。

19 世纪初，普鲁士著名地理学家亚历山大・冯・胡伯尔特访问了西帕基拉地区，曾经对这里的古盐矿进行了勘查，

这个庞大的工程造就了地下宫殿式教堂的富丽和庄严，大教堂是为了祭祀盐工的守护神——罗莎女王而修建的。教堂位于 137 米深的地下，高约 23 米，长 90 米，宽 70 米，总面积达 5500 平方米。

估计它的盐蕴藏量达到 100 万立方米，是当时世界上已经查明的大盐矿之一。同时，胡伯尔特指出了古老的竖井掏洞采盐方法效益低，提出了建造与矿脉平行，横向坑道的采盐新工艺。

20 世纪 30 年代，经过数百年的开发，西帕基拉盐矿已经有了相当大的规模，出于对每日在井下作业安全的担忧，矿工们在井下的盐层中开辟出了一块祈祷室，在里面祈求神明保护自己的安全。西帕基拉盐矿的保护神是罗萨丽的圣母。20 世纪 50 年代，工人们把祈祷室扩建成为一座盐教堂，内设立了圣母的祭坛和一个盐刻的十字架。

1990 年出于矿井安全考虑西帕基拉盐矿关闭了老盐教堂，又在它的下面 70 多米的地方，斥资 2 亿 8 千万美元重新建筑了一座规模更大的盐矿大教堂。

1995 年建成的这座新的盐教堂位于盐矿 200 米深地下，长 120 米，高 25 米，总面积达 5500 平方米，为建筑这座大教堂，人们共移走 25 万吨的土方。

当人们沿着一条下行的坑道走向盐矿大教堂时，一路上要经过 14 处小型《苦路》的祈祷室，它们分别代表了耶稣基督被钉上十字架的过程，在每一个地点的盐室里都设有盐祭坛和跪拜台。

进入大教堂时，灯光的变幻烘托出肃穆的气氛，在一片黑暗之中，随着灯光由弱变强，人们的眼前逐渐出现了大教堂里陈设的巨型盐雕大十字架，代表圣经新约福音书的 4 位作者的高大盐柱，还有大厅高达 25 米的穹顶。在灯光的作用下，大十字架在穹顶上映射出了一个巨大的十字光影，有一种震撼人心的力量。

在盐矿大教堂的主厅的左右两侧各有一座小教堂，右边的是罗萨丽圣女小教堂，供奉着圣母的盐雕和十字架，左边的供奉着耶稣诞生和受洗的盐雕，还有一道小瀑布，

大教堂内的雕塑在灯光的掩映下若隐若现。

代表了耶稣受洗的约旦河。这两座小教堂与主厅一起表达了耶稣基督从诞生、传播福音到死亡的生平。

在不断变化着强度和角度的灯光映照下，西帕基拉盐矿大教堂内部的各种盐雕变幻出各种形状和颜色，既有宗教的肃穆与神秘，又显示了艺术和文化的魅力。游人还可以通过楼梯登上主厅两侧的边廊，俯瞰盐矿大教堂的宏伟。

除了大教堂的建筑，盐矿内还有纪念盐工先驱穆斯卡人的雕塑，水平如镜的地下盐湖和可以容纳数百人的盐会议厅。一座盐矿博物馆向人们展示了西帕基拉的地质变迁，盐矿开采历史和采盐技术以及盐矿大教堂建筑的过程。

自从兹巴圭拉盐矿大教堂在 1995 年落成以来，前来大教堂朝拜和观光的人常常在盐矿入口外面排起长队，头顶烈日或者冒雨等待。不少新婚夫妇还特意到这个盐教堂举行结婚仪式。虽然兹巴圭拉盐矿大教堂并没有被罗马天主教册封为正式教堂，但这并不妨碍成千上万的信徒来这里朝拜，也不妨碍它成为哥伦比亚人的骄傲象征。

墨西哥奈卡矿，黑暗里的巨型水晶宫

在墨西哥北部的奈卡矿山小小的展览室里，展出了一把“水晶宝剑”。它长约 1 米，边形锐利晶莹剔透，发出耀眼的光芒。不过它并不是一块水晶，而是一块石膏的结晶体。100 年以前当矿工们无意间在一个深约 120 米的地下洞穴里发现它的时候，它的周围还有不少类似的晶体柱，长度都在 1 米左右。这些漂亮的“水晶”让人们十分惊奇，故把它们藏身的洞穴起名为“宝剑洞”。

人们没有想到在大约 100 年以后，另一个真正让人目瞪口呆的奇观又出现在了眼前。

2000 年，奈卡矿的两个矿工兄弟在 300 多米深的地下矿井里打钻时，在一片石灰岩地层中意外发现了一个马蹄形的暗洞。洞里面又闷又热，如同一个真正的大蒸笼。扑面而来的热气把刚走进洞的矿工兄弟扑倒。他们刚想逃离这个地狱般的地洞，却突然眼

墨西哥的奈卡矿以其独特的水晶森林景观而闻名，这里的石膏晶体巨大，十分罕见。洞内地形常复杂且环境恶劣，但是作为世界上最大的石膏晶体洞穴，奈卡水晶洞依然吸引了世界各地的探险家。供图 /Alexander Van Driessche

前一亮，出现在腾腾蒸气后面的竟是一座水晶宫。只见数不清的水晶柱横七竖八地堆砌在洞底，整整塞满了黑暗的洞穴。

玛雅法老的宝贝洞穴被发现的消息吸引探洞者和地质学家想一探究竟。然而，洞里 58℃ 的超高温和 99% 的饱和湿度让人根本无法进去。探洞者们只好发明了一种土制的“降温服”。他们在前胸后背背上装满冰块的背囊，外面再罩上一件厚厚的绝缘服，并且还要带上特意降温了的氧气罩才能进洞。即使这样，进洞的人谁也难以在里面坚持 20 分钟以上。

在这些执着的探洞者们手里的高能聚光灯下，一个世人从来没有见到过的奇观出现在眼前。这简直就是一座地下的水晶森林。东倒西歪互相交叉重叠在一起的巨大晶柱组成了天罗地网。最大最粗的竟有 12 米长、4 米粗，重达 50 多吨。在灯光的照射下，它们通体透明，折射出不同的光彩，如同梦幻之境。

经过科学家们的考察鉴定，这些巨大的水晶柱与 100 年前在更上方的岩洞里发现的“水晶宝剑”一样都是石膏结晶。石膏学名硫酸钙，是钙盐的一种。因为在 58℃ 以上它呈液体溶解在水里，至今在这座神奇的洞穴底部，低凹处仍存有大量的呈液体状态的饱和硫酸钙溶液。这些矿物质都是从地层岩石的裂缝里被地下水流带到这里来的。

据地质考察，在石膏晶洞的下方有一个古代火山留下的熔岩区。在上百万年的熔岩冷却过程中，地下的热量不断地炙烤着石膏洞里的水，使它慢慢蒸发掉了。硫酸钙溶液变得越来越浓缩。科学家们估计，在最近的几十万年时间里，洞里的温度一直恒定在 58℃ 左右。对于硫酸钙这种矿物盐来说这是一个状态转换的温度。在这个温度下饱和溶液中的硫酸钙开始结晶析出，在水底形成细小的结晶颗粒。而经年累月越来越多的析出使晶体不断变大变长。

几十万年的时间里墨西哥北部地区从一片森林变成了荒漠。在几百米的地下洞穴里，石膏在黑暗中静悄悄地一毫米一毫米生长着，直到长成了水晶的“参天大树”。据科学家们用同位素方法检测，洞里最老的石膏结晶体距今已有50万年了。

墨西哥契瓦瓦州的奈卡山石膏晶洞的发现和它的令人叹为观止的大自然奇观在世界上引起了极大的关注。许多人都希望能亲眼观赏到这一奇丽无比的盐的奇观。但是对科学家们来说这却是一个难题。

除了石膏晶洞里难以忍受的高温高湿以外，最重要的是石膏晶体在空气中很容易变形损毁掉。目前为了保障科学考察的进行，奈卡矿一直在用水泵保持洞中的无水状态。而一旦停止泵水，石膏洞将很快重新淹没在水下。

是保持洞内无水，冒着石膏结晶变形受损的危险让世人能观赏到世界上最大的水晶洞奇观？还是让它们重新回到黑暗之中，在与世隔绝中继续慢慢地生长？这是一个难以抉择的大问题。

水晶洞内布满了大大小小的水晶，散发出莹莹的光辉，然而进入洞内的探险家都是勇士，他们冒着高温和高湿，进入洞内也只能做短暂的停留，为了研究这个洞穴，他们不得不一次一次地进来、出去。看来充满神秘色彩的水晶洞也并不浪漫。

北美洲

大约在1亿年以前，新墨西哥州的中南部曾经是一片古代浅海。海底有较厚的石膏沉积层。7千万年前由于地壳的抬升使海底沉积层露出地表成为一个封闭的盆地。在第四季冰河期过后冰水融化成湖，湖水逐渐蒸发掉以后，石膏解析出来形成了1米厚的石膏结晶层。在自然消蚀和风的作用下，石膏结晶被打磨成很细的微粒，在风力的推动下不断移动、堆集、最后形成了这片地球上罕见的石膏结晶沙漠。

新墨西哥州白沙漠除了它耀眼的雪白以外，还有赤脚踩在沙子上的感觉。在美国南方的骄阳下白沙发出比雪地还炽烈的反射光。一般在这种情况下最好不要赤脚行走，否则会被烫伤脚板。但是在白沙漠国家纪念地，赤脚行走并不感到炙热，而且还有一点潮湿的感觉。这是因为石膏晶砂把阳光的光能转化成为热能的作用比石英砂要弱得多，而且在这片沙漠的地下水层很浅，只有一两米深。

旧金山湾海盐场，大地的五彩拼图

海盐场虽然遍布世界各地，但对于普通人来说，虽然日常生活中一天也离不开盐，可是对海盐场却知之甚少，没有太直观的印象。要把海盐场作为地理景观来欣赏，世界上的最佳观赏地点要数美国西海岸的旧金山湾，最主要的原因是得益于它的独一无二的地理位置 。

旧金山湾位于美国著名的大都市旧金山市的旁边，每天来自和前往世界各地的飞机装载着数百万乘客从旧金山机场起飞降落。在飞机上美丽的旧金山湾尽收眼底。除了著名的金门大桥以外，有心的乘客还可以见到另一种奇异的景观：碧蓝的大海边有很大的一片颜色非常醒目的平展展的彩色水面。被隔成方形或多边形的巨大水池姹紫嫣红，五颜六色，就像画家调色板上的色彩大拼盘。在一侧一望无际的蓝色大洋和另一侧黄绿相间的海滨湿地的衬托下，极为惊艳。这就是北美著名的旧金山湾海盐场。

早在欧洲人发现美洲新大陆以前，土著的印第安人就早已在这片海滩上采盐了。那时候人们只是靠天吃饭，直接获取海水带来并留下的盐土。在每年的潮汐大潮发生时，海水会涌到陆地上很远的地方，淹没大片的海滩。潮水退下去以后，剩下来的海水在干热的季风下被吹干。因为一年中的两次大潮之间都会有几个月的间隔，在这段时间里海滩上的海水就有充分的时间全部蒸发掉。人们因此可以把结晶出来的海盐收集起来，再等待下一次大潮水的归来。

这种纯自然的采盐方式持续了千百年的时间，直到 1850 年在美国的西部淘金热中，为了满足因城镇淘金人口增加对盐

的更多需求，在旧金山湾开始有人修筑简单的堤坝，用人工“蓄水池”的方式采盐。从那以后旧金山湾海边滩涂的盐池越建越多，越修越大。到了 20 世纪 30 年代时已经具有相当大的规模。当时湾区最大的制盐公司雷斯里盐业公司经营的盐池，已经有 48.56 平方千米。1978 年卡尔吉尔公司买下了雷斯里盐业公司在旧金山湾的全部海盐场，垄断了这里的制盐业，成了唯一的旧金山湾海盐大亨。它的旗下所拥有的盐池在最多的时候达到了二三百平方千米。

大片的盐场被分隔成大大小小的盐池。受水温、含盐度、矿物质和盐水里生长的嗜盐微生物种类的影响，每个盐池呈现出不同的颜色，从淡绿、翠绿、橙黄、粉红到紫红。从空中俯瞰，大地就像一块巨大的彩色镶嵌玻璃拼图，美丽非凡。有机会见到这奇异景观的飞机乘客无不感叹这幅自然与人工共同描制的五彩拼图，却很少知道在这彩色拼图的背后已经和将要发生的故事。

150 多年以前，旧金山湾曾经有 768.90 平方千米的海岸滩涂湿地，包

著名的旧金山湾海盐场，距离旧金山机场并不遥远，在海水和陆地的边缘，人工盐场巨大而整齐，色彩深浅不一，面对这样壮阔美丽的景观，真不知道是该感谢自然，还是该感谢盐场的工人。

括潮汐回灌区、泥淖、湿地和盐沼。随着人类社会的发展，大片的农田、盐池和市镇一点点占用了自然滩涂。到 20 世纪末，原来的海滩湿地剩下的不到 1/10 了。

同时，因为全球盐业市场结构的变化和现代化制盐工艺使生产效益的提高，生产用盐池数量不断减少，大量的老盐池被废弃掉了。在这种情况下，一个让盐池回归天然滩涂，还旧金山湾大自然本来面貌的宏大规划被加州和旧金山市政府提上了议事日程。

据估计，在 21 世纪里旧金山湾现有的 40.47 平方千米海盐场将只剩下几平方千米继续进行盐业生产。从 20 世纪 70 年代起，加州政府就已经陆续收购了几十平方千米的废弃盐池，将它们恢复了滩涂原貌作为野生动植物的生息地和对公众开放的自然公园。

环境保护者认为，这是大自然得到的一个巨大机会。然而，让百年盐池恢复自然滩涂并不只是简单的自然回归就可以的。它是一个十分复杂的生态系统工程。经过 100 多年的存在，盐池已经成了旧金山湾生态系统的一部分。湾区咸水域的浅滩为滨海生活的禽鸟提供了丰富的生物来源，而较深、水草茂密的水域还是禽鸟繁殖的良好场所，因此这里几百平方千米的大小盐池现在是许多候鸟、本地水禽、鱼类、两栖动物和滩涂植物栖身之处和繁殖迁移休整的难以替代的地方。仅仅在北部的盐滩常年栖息的禽鸟就有 60 万之众。19 世纪以前，美洲黑颈鹭很少在这个地区落脚。现在旧金山湾盐池已经成了它们的传统繁衍地。濒危的太平洋雪鸥有 10% 栖身于此。每年在候鸟迁移的季节，大量南来北往的候鸟在盐池栖身捕食。有时候仅仅一个盐池中就聚集着 20 万只。

盐池干涸废弃以后，如何保证这些动植物的生存环境是一个要考虑到的重要问题。另一方面，那些沉淀了 100 多年

从高空俯瞰，盐场被切分成不同的几何图形。每个盐池受水温、含盐度、矿物质和盐水里生长的嗜盐微生物种类的影响，形成斑斓的色彩。

的老盐池池底的沉积物中含有很浓的矿物质以及重金属。如何处理这些对自然环境有害的物质，盐池恢复成湿地以后对这一地区的气候、降水、潮汐会有什么影响，这些问题也都值得思考。

千百年来人类只是不断地在地球的各处开辟盐场采盐，把一片片的天然盐沼和湿地变成了盐池。今天旧金山湾盐池回归自然的规划是人类从未有过的生态工程。它不是简单地放弃，而是对自然生态的另一种干预。尽管这种干预充满了积极的意义，但如果不慎，也有可能收到事与愿违的结果。旧金山湾的百年盐池的未来会以怎样的面貌出现呢？我们拭目以待。

死亡谷，
美国最荒凉的国家公园

当一个湖泊的淡水灌注量减少自然蒸发加大时，河水带来的盐分和矿物质就会在湖底不断沉积下来，使湖水变得越来越咸，而经过千万年的蒸发，湖水终于消失殆尽，剩下的将是一个怎样的场景呢？死亡谷用实例回答了这个问题。

死亡谷是一片真正的不毛之地，干涸的地表没有植被的覆盖，身临其境，难以想象一万多年前这里曾经也有碧波荡漾的湖水。

死亡谷位于美国加州东部内华达山脉的东侧，在 1 万多年前，这里的两条荒凉干涸几乎寸草不生的干谷，曾经充盈着 100 多米深的湖水，是 130 多千米长的曼利湖。在它的湖底沉积着几百米厚的混合着几千万年沧海桑田地壳变化留下来的砂岩、火山岩、泥炭盐层和冰碛层遗物。尽管曼利湖水面辽阔，但它与这片地区的主水系科多拉多河水系完全隔绝，是只有少量河水供应的内陆终端湖泊。因此河水带来的矿物质和盐无法被带走，便在湖底越积越厚，凹凸的石林土显得狰狞而恐怖，魔鬼高尔夫球场的名字不是美誉，而是形象的描绘。尽管这里并不优美，但它是自然界对干涸湖泊的最好的诠释。

直到终于有一天湖水彻底干涸、湖床暴露在烈日、高热、大风和干旱之中。干裂使它一层层被削蚀得千疮百孔，变成瘦骨嶙峋的土崖，继而崩塌，再进一步风化成奇形怪状的土柱、土锥，变成干漠荒滩和不毛的干盐滩。

在死亡谷里到处都是这类干谷干湖床，其中有一处被叫做“魔鬼的高尔夫球场”的大干盐滩，它向我们展示了一个盐湖彻底干涸以后会变成什么模样。

“魔鬼的高尔夫球场”是真正干得找不到一滴水的不毛之地，这虽然与任何一片沙漠一样干旱，却没有沙漠里那种形状优美的金色沙丘。地表土层里大量盐土的存在和大量的古代冰碛层乱石，让地表被风化成支离破碎的土柱、土堆和千疮百孔的土蜂窝，盐与砂的混合让这样的地表结构既没有盐晶的华丽，也没有砂岩风化物的秀美，有的只是不黄不灰、狰狞凹凸的石林土林。1934 年美国国家公园在编写导游手册时，在描述死亡谷里的这片不毛之地时曾惊呼：“恐怕只有魔鬼才能在这里打高尔夫球！”

“魔鬼高尔夫球场”的恶名从此流传下来，成为死亡之谷里对“死亡”最形象的注解。它也是盐所能展示出的最丑最让人扫兴的景观了。

在一些尚存少量湖水的地方，可以看到浅水之下的被盐镶了白边的石灰华。这是湖水中的盐分不断沉积下来的结果。

美国莫纳湖，幽灵石灰华

几百万年前，当覆盖着整个美国中部大盆地的浩瀚无垠的古代大湖拉宏坦湖逐渐萎缩干涸掉以后，只剩下了屈指可数的几处仍有积水的盐湖，除了赫赫有名的犹他州大盐湖以外，位于加州东部、内华达山脉脚下的，方圆近 200 平方千米的莫纳湖也是其中之一，然而莫纳湖地处荒凉大漠，不像位于大都市门口的大盐湖那样受到关注，尽管它有着许多与大盐湖共有的特点，它的知名度却比大盐湖小很多。

从地理学角度看，莫纳湖是一个内陆终端湖。3 条从内华达山脉上流下来的河流经兰迪河谷灌注进莫纳湖。河流一路上带来的大量盐和矿物质沉积在湖床上，使湖水的含盐度越来越高。据估计莫纳湖湖水中溶解了 2 亿 8000 万吨盐。湖水含盐度随季节和降雨量而变化，近年来保持在每升 70~80 克。

随着大湖萎缩，石灰华伸出小盐湖的水面，它们形态各异，坚强地挺立在平静的湖水之上。石灰华是莫纳湖的标志。

莫纳湖是一个碱性盐湖，它湖水的 pH 值为 10 左右，摸上去有一种像肥皂水一样滑滑的感觉。这是因为它的湖水中含有较丰富的碳酸根和硫酸根，丰富的碳酸根含量是莫纳湖与大盐湖的湖水成分最大的差别，正是因为这些化学物质让莫纳湖存在着一种特别的盐湖景观——石灰华。

石灰华景观是去莫纳湖旅行的人最想见到的奇景，它们多集中在湖的南端湖畔，是从湖水里冒出来的，奇形怪状柱子样的灰白、黄白色物体。它们表面上坑坑凹凹，呈蜂窝状，有的像枯树干，有的像动物的干尸，有的像浮石，千奇百怪。联想到莫纳湖是一个含盐度很高的盐湖，很多人会以为这些东西是湖水中析出来的盐结晶体，就像世界上许多盐湖的岸边都会析出一层厚厚的盐壳一样。而实际上它们却是石灰岩生成物，是地地道道的石头。

在莫纳湖的湖底存在含有很高的钙离子的水下泉眼，这种泉水与含有大量碳酸根离子的湖水相遇以后，发生了化学作用而生成了碳酸钙。一般情况下，碳酸钙只沉积在湖底的泉眼四周，逐渐积累，越来越厚，高的可达 10 米。但是在正常情况下，这些石灰华是被淹没在湖水下面的。人们不容易见到它们。可是，自从 20 世纪 40 年代，流入莫纳湖的河水被改道，使莫纳湖的湖面逐年下降变浅，这些本来在湖底的石灰华便一点点露出了水面，变成了像漂浮在水上的一座座奇形怪状的土石柱子。它们的出现让景色本来就荒凉的莫纳湖显得更神秘了，也成了这个盐湖特有的一种新的标志物。

莫纳湖湖水的下降，除了出现奇异的盐湖石灰华外，还有着更重要的生态意义。这是美国加州一个争论了几十年的环境问题。事情起源于 1941 年洛杉矶市水电局的一个引水决定。

20 世纪 40 年代，由于城市的发展，洛杉矶市的人口快速增长，对城市用水的要求也大大增加。为了解决用水问题，洛杉矶市政府注意到了在东面的那条从内华达山脉流下来的那条河。他们发现这条宝贵河流的最终目的地竟是荒无人烟、一片死寂的莫纳湖。对于急需淡水供应的城市来说，这看上去是一个极大的资源浪费。于是洛杉矶市决定在河上修建一座水坝，把本来汇入莫纳湖的河水全部引向洛杉矶的东部作为城市供水。

自从引水工程实施以后，由于补充水源没有了，莫纳湖的湖面以每年 30 厘米的速度降低。到了 20 世纪 70 年代湖水已经下降了 12 米，湖水的水量减少了一半，而盐度则增加了 1 倍。这使得莫纳湖的生态平衡遭到了破坏。本来生长在湖水里的盐水卤虫变少了，再不足以为 5 万只来这里繁殖

以往被淹没在水下的石灰华完全裸露出来，人们一般会误以为它们是盐晶体。其实它们是钙离子与含大量碳酸根离子相遇以后，发生了化学作用而生成了碳酸钙。碳酸钙沉积在湖底的泉眼四周，逐渐积累，越长越长越厚，高的可达近十米。

的加利福尼亚海鸥提供食饵，使上万只新生的小海鸥饿死。另一方面，水面降低露出了陆地，让一些本来无法接近在湖里栖息的水鸟的天敌也有了捕食的机会。这让已经遇饥荒的水鸟的生存雪上加霜。同时因盐度升高，在湖边析出的盐结晶壳在大风的作用下变成了盐粉尘，威胁到了莫纳湖周围的空气质量。生态失衡的恶果一个接一个显现出来。

1978 年，一位斯坦福大学的研究生大卫·干尼斯在做课题时注意到了莫纳湖的生态危机。他开始四处奔走，向各级政府和环保部门呼吁恢复对莫纳湖的淡水灌注。经过将近 6 年的不懈努力，加州法院终于判决洛杉矶水电局每年回灌一定量的河水以补充莫纳湖供水。20 多年来，在一系列法律的促进下，目前莫纳湖的灌注与蒸发已经基本达到了平衡，但还没有达到 1941 年修坝分流以前的水平。

四面被荒凉的不毛之地包围的莫纳盐湖，看上去像月球上的景色一样苍凉，似乎是生命的禁地。但实际上它却是美

由于水位下降，莫奈湖上露出的石灰华的面积越来越大，远远看去像一片诡异的城堡。日益严峻的环境问题，让人们不难想象如果整个湖泊都干涸了，这里很可能成为第二个死亡谷。

干涸的莫奈湖，不再是鸟儿的天堂。取而代之的景象就是这些静静矗立的石灰华。

国西部荒漠地上生命最活跃的地方。生长在湖水里的嗜盐藻类滋养了几万亿的盐水卤虫和大量的卤水蝇。它们是美洲大陆南来北往的各种候鸟和本地禽鸟的最美饵料。每年 4 月份开始绿藻爆发性生长。湖水绿得像一湖浓汤。卤虫和卤蝇也随之大量繁殖生长。这时正好是从南方飞向加拿大和北极圈的候鸟迁移的季节。位于北美中部的莫纳湖是它们不可缺少的中途落脚栖息之地。在这里丰富的卤虫资源成了禽鸟们补充长途飞行消耗掉的蛋白质和能量的最佳食饵。接下来的夏秋季，莫纳湖又是数百万北极鸥和其他禽鸟的繁殖和栖息地。在几个月的时间里莫纳湖一片生机勃勃。

秋末，当大批的禽鸟饱食离去以后，湖水里的卤虫、卤蝇也相继进入蛰伏状态。绿藻消失了，湖水又变得平静死寂。只有幽灵般矗立在湖边的石灰华静立在冬季的寒风中等待着春天的回归。

美国新墨西哥州白沙漠，地球上面积最大的石膏盐沙漠

如果说硫酸钙盐隐身在墨西哥奈卡矿山的黑暗里，形成了地球上最大的石膏晶体地下水晶宫的话，在美国的新墨西哥州，它却公然亮相于光天化日之下，形成了地球表面面积最大的石膏晶砂沙漠——白沙漠国家纪念地。

地球上的大部分沙漠的主要成分是硅砂。黄色是沙漠的主色调。但是在美国白沙漠国家纪念地，人们见到的是真正的洁白无瑕的银沙。不过从地质学的角度看，新墨西哥白沙漠最大的特色不是它的如雪的洁白颜色，而是构成这片方圆 710 平方千米的白色沙漠的土壤成分——石膏结晶硫酸钙盐。

石膏，学名二水硫酸钙，是地球最常见的浅层地壳构成。但是却在地表很少见到大片的石膏土层。最主要的原因是石膏是水溶性的。雨水和其他的地表水会使石膏溶于其中，继而被水流带走，因此难有石膏在地表沉积。

大约在 1 亿年以前，新墨西哥州

白沙国家纪念地。白沙的土壤成分主要是石膏结晶硫酸钙盐，因此这里的白沙更为柔软和细腻。

的中南部曾经是一片古代浅海。海底有较厚的石膏沉积层。7000 万年前由于地壳的抬升使海底沉积层露出地表成为一个封闭的盆地。在第四季冰河期过后冰水融化成湖，湖水逐渐蒸发掉以后，石膏解析出来形成了一米厚的石膏结晶层。在自然消蚀和风的作用下，石膏结晶被打磨成很细的微粒，在风力的推动下不断移动、堆集、最后形成了这片地球上罕见的石膏晶砂沙漠。

新墨西哥州白沙漠除了它的耀眼的雪白以外，还有赤脚踩在沙子上的感觉。在美国南方的骄阳下白沙发出比雪地还炽烈的反射光。一般在这种情况下这最好不要赤脚行走，否则会烫伤脚板。但是在白沙漠国家纪念地，赤脚行走并不感到炙热，而且还有一点潮湿的感觉。原来是因为石膏晶砂把阳光的光能转化成为热能的作用比石英砂要弱得多，而且在这片沙漠的地下水层很浅，只有一、两米深。

科学家们的研究表明，地下水是造就这个石膏晶砂沙漠里沙丘的各种不同形状的最重要的因素。在白沙漠里沙丘的主要形状是抛物线形的和新月形的两种。前者多发生于其地下水层是含盐度较低的淡水。这使得沙漠的植物在沙丘四周扎根生长。这些植物阻止了沙子在风的推动下的迁移，因此沙丘的形状变成了拖着长长尾巴的抛物线形。而后者的地下水层的含盐度几乎比前者高 3 倍，因此没有植物可以生长。这时的沙丘在风的推动下便迁移出普通的新月形沙丘。

与地球上大部分以石英砂为主要成分的沙漠不同，石膏晶砂沙丘的表面会因少量的降水而溶解进而再结晶，形成质地较致密的表层。因此使沙丘的移动速度变慢。这就让一些耐旱的沙漠速生植物在被掩埋以前有较多的时间生长。因此在白沙漠纪念地的沙丘上经常可以见到一些顽强的从沙丘边缘钻出头来的沙漠植物，点缀着白茫茫的大地。

在白沙漠国家纪念地最常见的沙漠植物是一种耐旱耐盐的沙漠柏。它们在 19 世纪 50 年代作为防风植被被引入美国。现在几乎完全替代了这个地区的本土沙漠植物，在所有地下水层浅表的地方生长。这种盐柏最高大的可达 15 米高，生命力极为强大。它们的存在改变了局部的风向风速，从而造成了许多奇形怪状的沙丘。

这个石膏晶砂沙漠还有一些任何普通沙漠都没有的奇怪特性。比如雷电击中沙丘时常常会熔化石膏晶体，造成细长的管状熔晶。而降雨也会造成石膏晶体的溶解，变成一种胶状的物质。它们会黏在建筑物和汽车的下面，有时候甚至把车门黏住无法打开。雨水造成的晶砂融化还经常

在白沙漠国家纪念地植被是稀有的，最常见的一种耐旱耐盐的沙漠柏不是本土植物，而是 19 世纪 50 年代作为防风植被被引入美国的。

造成一些大大小小的地面陷坑。连公园的历史展览馆建筑都因此发生了沉陷。

除了这些自然因素给予了白沙漠国家纪念地与众不同的特点外，人为的因素也是一个很重要的原因。其实这个美国国家纪念地的面积只占整个白沙漠的 40%。其他部分由美国白沙漠军事基地占用。这个军事基地始建于 20 世纪 40 年代。在离沙漠公园不远的地方有 1945 年美国的第一颗原子弹的实验场旧址。现在，公园几乎完全被包围

在导弹实验场中。试射的导弹坠落在公园境内的事情也曾有发生。因此在军队试射导弹时，沙漠公园和附近的公路都会临时关闭，游人止步。

白沙漠国家纪念地曾经在 2007 年准备申请世界自然遗产。但是因为考虑到被列入自然遗产名录后很可能会影响四周军事基地的继续存在，而遭到了有关部门的反对。

美如梦幻的银色沙丘和空中横飞的导弹共存一处，这也算得上是新墨西哥州白沙漠公园的一大特色吧。

在白沙漠里沙丘的主要形状是抛物线形的和新月形的两种。前者多发生于含盐度较低的地下水层。这使得沙漠的植物在沙丘四周扎根生长。沙丘的形状多为抛物线形。而后者的地下水层的含盐度几乎比前者高 3 倍，因此没有植物可以生长。

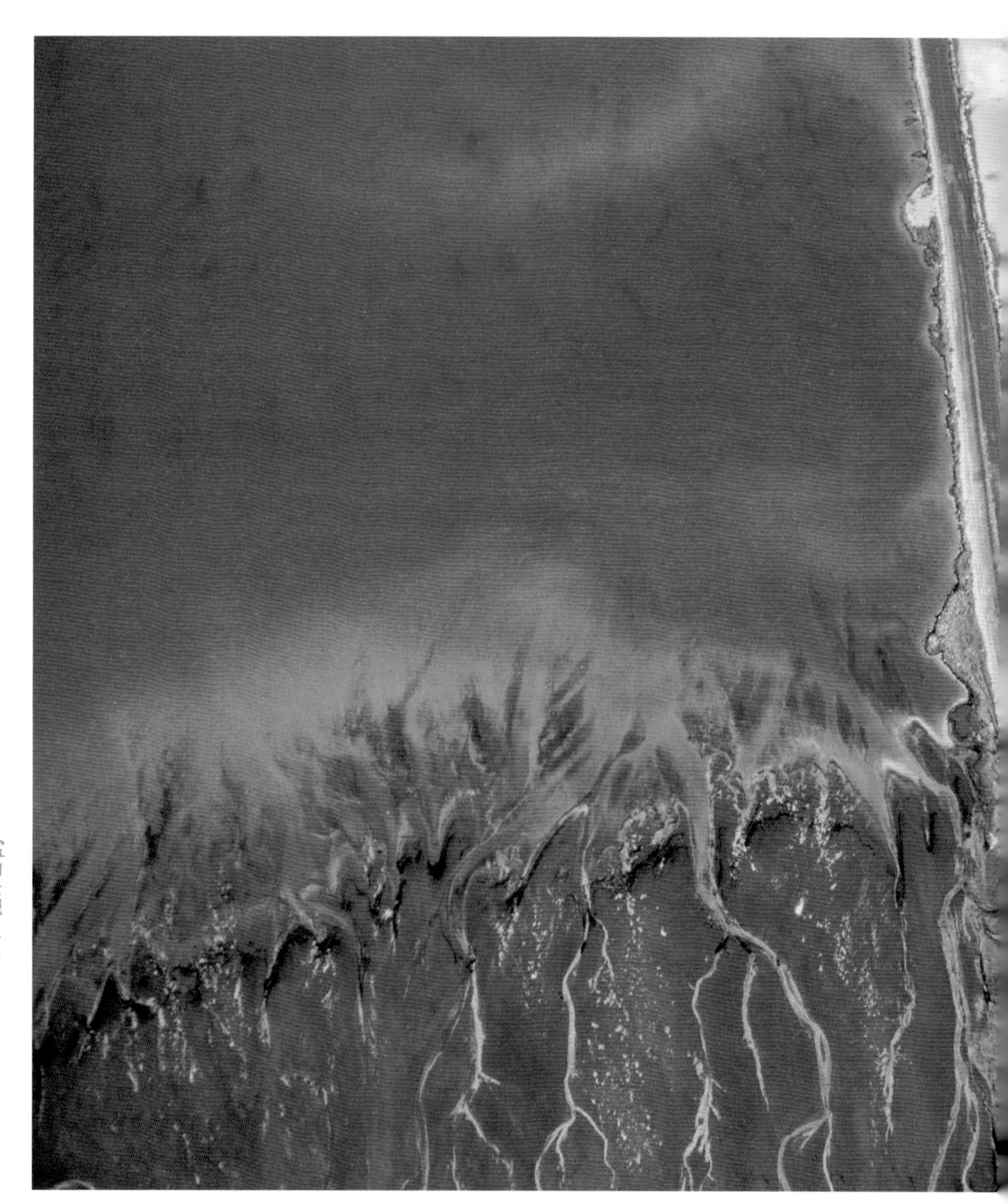

美国犹他大盐湖，内陆大都市边的海洋

站在犹他大盐湖的边上，不禁会感叹它的辽阔。晴天时湖水碧蓝如海，在炽烈的阳光下闪闪发光。雨雪天它变成与天空一样阴霾，冷风刮过荒凉又神秘。突如其来的风暴会在湖面掀起六七米高的巨浪，闪电划过黑云压顶的天空。深秋北下的冷空气掠过湖面变成漫天大雪，纷纷扬扬撒向陆地和山峦。

犹他大盐湖是美国最大的盐湖，在千万分之一的地图上它是美国除了五大湖外唯一能显现的湖泊。它的面积约 4500 平方千米，与我国的青海湖面积相当。但在丰水期，它的面积比青海湖要大近 1 倍。大，是所有见到犹他大盐湖的人的共同感慨。然而，在造物主的眼里，它却只是两万年前在地球上存在过的伯纳维拉湖所剩下的几近干涸的一小滩残水。

伯纳维拉湖是 32000 年到 14000 年前存在于现今美国西部“大盆地”一带的淡水大湖。它位于落基山脉

盐湖中颜色的变化是湖中的藻类繁殖所产生的。一边是粉色，一边是碧绿，是藻类密度不同所产生的。这种鲜明的对比只有在大盐湖才能看到。

南段与内华达山脉的环抱之中。第四纪冰河的融水在几千年的时间里源源不断地汇入这片辽阔的盆地，造成了一个方圆近 5 万平方千米、深 300 米的大湖。它覆盖了现在美国的犹他州的大部和爱达荷、内华达州的一部分。大约在 16000 年前，这片不断上升的湖水在爱达荷州的红石口找到了出口。湖水以尼亚加拉大瀑布的气势倾泻而出，这一泻就是 25 年。结果使得伯纳维拉湖的水面下降了 100 多米。在此后相当漫长的地质年代里，伯纳维拉湖的湖水继续缓慢流出，保持了出与入的平衡。后来，由于地球气候的变化，降水量减少使湖水不断下降，终于无法再从北部泻出。伯纳维拉湖就成了一个方圆 34000 平方千米的无出口内陆湖泊。蒸发逐渐成了它的湖水的唯一转化方式。

伯纳维拉湖接受从东部的瓦萨基山脉流下的数条河流的淡水供给。其中最主要的是从东北部汇入的熊河，从东部汇入的威伯河和从东南角入湖的热丹河。年复一年，陆地上的岩石中的矿物质溶解在河水里，被带进湖中。一旦湖水没有了出口，这些盐分便在湖中沉积下来。千万年的

食盐结晶形成厚厚的一层，大盐湖的研究人员将盐层垂直切口，测量它的厚度。供图 /Bonnie Baxter

大盐湖生物链上有大量的卤虫和盐蝇，为湖区的禽鸟提供了丰富的饲料。这里每年都会引来200多种禽类，每年700万南来北往的候鸟，吸引了大批特意来这里观鸟的游客。供图/Bonnie Baxter

湖水蒸发带走了越来越多的水分，却留下了沉积在湖中的盐。于是淡水大湖越来越小，湖水越来越咸，变成了一个盐湖。地质考察结果表明，目前大盐湖的面积不到其母湖伯纳维拉湖的十分之一，深度不及原来的百分之一。伯纳维拉湖的干涸部分成了美国西部著名的干漠“大盆地”。

萎缩残存的大盐湖静卧于大盆地的东北角。在人类的视野里它仍是烟波浩渺。在从19世纪初被欧洲探险者发现以来的200年里，大盐湖几经丰水和乏水期，湖面面积从最小时的2400平方千米到最大时的8500平方千米。随着水量的变化，它的含盐度也发生改变，从高盐时的25％到低盐时的5％。由于大盆地的平坦地势，大盐湖是一个十分平浅的湖泊，平均深度不到4米。

10月底，当我们来到大盐湖畔的美国犹他州的首府盐湖城时，天气并不太寒冷。秋色尚未萧条。一场突如其来的大雪挂满枝头，覆盖了盐湖城的大街小巷。大盐湖以它特有的气候现象——大湖降雪效应迎接了我们。

在深秋和初冬季节，从西北方南下的寒冷空气到达大盐湖上空时，盐湖湖水仍然相当温暖。湖的表面有一层饱和的暖蒸汽。当冷气团掠过大面积的湖面时，将这暖蒸汽裹入冷气团。它在气团内部不断上升、变冷而凝结，形成大片的积云层，并随风继续向陆地运动。到达陆地时，凝结的水汽下降到云层的底部，遇冷后便以雪的方式降落下来。气温与水温的温差是造成大湖降雪效应的条件，也决定了降雪的强度。而风向则决定了降雪带的位置。

每年的秋末冬初空气已寒湖水尚暖，是大湖降雪的多发季节。盐湖城地区的降水量有十分之一为大湖降水效应造成。每年这样的大雪可达 6～ 8 次之多。2002 年盐湖城夺得了冬季奥林匹克运动会的主办权，这在很大程度上要归功于大湖效应为这里带来的丰盛降雪。盐湖城的居民对这种不合季节的降雪早已习以为常。但对我们这些从远方而来专访大盐湖的人却十分奇妙。突然而至的大雪漫天飞舞，一时间把盐湖城和它背后秋色正浓的瓦萨基山脉变成了一片银白。让人产生了一种大盐湖的盐从天而降的错觉。

我们去大盐湖边采访的那一天，赶上了一个阴霾的天气。到处都是灰蒙蒙的。车子一出盐湖城就几乎全都是在沿着湖边走。车窗外有的地方有水，水也是灰色的，没有任何生气，有的地方只是裸露的盐滩，东一片西一片地堆集着一些似土似盐的东西，不灰不黄。干草在冷风里瑟瑟发抖，景色十分荒凉。犹他大盐湖被称为“美国的死海”。它的比海水高 8 倍的含盐度让鱼类根本无法在水中存活。那些随着河水流到湖里的鱼很快就会在河流的入湖口附近死亡。它的湖畔也多为不毛的荒滩。

然而，大盐湖并不是生命的禁区。在它的湖水中和湖岸边生活着千百亿盐湖特有的卤虫和盐蝇。如果可以只用数字来衡量生命的盛衰的话，大盐湖算得上是个热热闹闹的生命大家园。

卤虫是咸水湖泊中特有的一种小虾样的生物，只有不到 1 厘米长。它的卵更加微小，150 个虫卵集中起来才有针尖大的

粉红色的湖水下到底有多少宝藏或秘密，每年来这里学习、考察的人数不胜数，图中是大盐湖研究所的教授带领她的团队在工作。供图 /Bonnie Baxter

一团。卤虫是大盐湖生物链上的基础单元。它们为湖区的禽鸟提供了丰富的饲料。每年的秋季，卤虫产卵后便死亡。卤虫卵休眠一冬，在春天的水温和盐度合适的时候孵化出来。卤虫卵含有丰富的蛋白质，且具有抗寒抗干的特性。冬眠的虫卵在适宜的环境里可以复活成活饵，因此是十分理想的鱼虾的饵料。因此捕捞卤虫卵是大盐湖地区的一项重要的传统经济生产。

值得一提的是，与世界其他地区的著名盐湖不同，犹他大盐湖虽然是美国最大的盐湖，但它的盐业生产却微不足道。虽然从 19 世纪中期新移民开始落脚于此时就已经开始了采盐生产，但发展至今，大盐湖的盐产量仅不到美国全国盐产量的十分之一。据称这是为了保证湖水的含盐量的稳定，每年开采出的盐量与河水为大湖新带来的盐量保持了相对的平衡。这不仅保护了湖区的生态环境，而且有利于经济的可持续发展。

虽然大盐湖的盐产量不高，但这里生产的卤虫卵饵料却长期以来享有盛誉，在全球鱼饵料市场上占有相当大的优势。大盐湖每年生产卤虫卵六七千吨，长期出口到亚洲和南美洲市场作为鱼虾人工养殖业的高档饵料，每年为犹他州带来 3000 万美元的收入。

除了卤虫，大盐湖还盛产一种盐蝇。它们的个头比一般的苍蝇略小，产卵于湖边的浅水中，靠水里的藻类和微生物为食。在炎热的夏季，盐蝇幼虫孵化，上千亿只盐蝇在湖畔飞舞，犹如一团团乌云。虽然这种蝇子并不叮扰人类，但到湖边的人被它们包围时躲闪不及，嗡嗡声扑面而来，十分讨厌。大盐湖的生态管理人员曾被问及为什么不采取些灭蝇的措施时回答：灭了盐蝇，大盐湖的生态环境也就死亡了。因为这些盐蝇是湖区南来北往的数百万只候鸟和在湖畔生活的蜘蛛、蜥蜴等的蛋白质来源。而这些禽鸟又是狐狸、臭鼬、浣熊等动物的食物。

卤虫是生物链最基本的一环，它们和盐蝇对大盐湖的生态环境的清洁和保护也是不可缺少的因素。正是这些数不清的卤虫和盐蝇卵每年可以消耗掉大量泛生的藻类，降解掉大量的排入湖里的有机废物，使湖水得以清洁。这与海洋的自洁作用十分相似。

卤虫和盐蝇为“美国死海”引来了 257 种禽类，每年 700 万南来北往的候鸟，吸引了大批特意来这里观鸟的人。加利福尼亚海鸥每年会在湖区度过整个夏季。加利福尼亚海鸥被誉为犹他州的州鸟。在盐湖城里著名的教堂广场上有一块专门为海鸥竖立的纪念碑，上面铭记着早期摩门移民对它们的永远感激。

1848 年，几千名摩门移民刚刚在大盐湖区落脚，粮食供应当时对人畜来说是性命攸关的大事。正当人们经过辛勤的劳作即将得到丰收的时候，不知从哪里铺天盖地飞来了数不清的蝗虫。它们开始啃食田里所有绿色的植物。为了保护救命的粮食，移民们男女老少都出动了，拿起手边所有的工具与蝗虫展开了大战。但是从早到晚却只见蝗虫越来越多。眼看到手的粮食将毁于一旦，绝望的人们只好祈求上帝的保佑。正在这时只见一大群海鸥出现了。开始，这些落到田里的鸟群让人们更加绝望，难道它们也来掠夺粮食？但人们很快就转惊为喜。他们看到海鸥一次又一次地衔起蝗虫飞走，不久田里的蝗虫便被它们消灭掉了。在海鸥的帮助下，人们宝贵的粮食终于保住了。

感激涕零的摩门移民认为这些海鸥是上帝派来的神鸟。从此他们立下规矩：禁止捕杀海鸥。并且竖碑铭刻人们对上帝和他的使者海鸥的感激之情。

如果去寻找，“死海”大盐湖到处可见到生命的活力；如果有一双善于观察的眼睛，荒凉的大盐湖自有它独具的美丽。像世界许多盐湖一样，盐水里大量滋生的藻类会把湖水的颜色变得不可思议。本来应该是像海洋般蔚蓝的湖水变成了深红、橙黄或者粉色。这是由于湖水中生长的藻类和其他微生物体内所含的某种色素造成的。犹他大盐湖在藻类生长的旺季也会改变颜色。而让它比其他盐湖的景观更为奇妙的是，由于其北部修筑的跨湖铁路长堤将湖的主体一分为二，造成了湖的南北两部分湖水的含盐度不同。结果使两部分的湖水中生长的藻类也有所不同。在南部，由于得到了较多的淡水供应盐度较低，因此多为含绿色素的蓝藻。他们给予了湖水碧绿。在北部湖水含盐高，多为含类胡萝卜素的藻类生长，他们把湖水染成了红色。从高处望去，辽阔的大湖一边红一边绿，被一条笔直的银色铁路堤截然分开，景色十分独特。

当地的居民对大盐湖的看法并不相同，一些人把它当作休闲度假的优良场所，带一个滑水板，可以在湖面欢畅地游玩一整天。供图 / Bonnie Baxter

大盐湖，美国西部大开发的见证者

大盐湖跨湖铁路堤修筑于 1903 年，是当时工程建设上的一个杰作。

在 1869 年横跨美国大陆的太平洋铁路建成以前，大盐湖是美国西部大开发的移民西进征途上的一个巨大的天然屏障。曾经有数批移民的牛车队试图步行穿越大盐湖的干盐滩，都因路途艰险、寒冷和饥饿而车陷人亡，甚至发生了被迫吃人肉以活命的可怕故事。不断传来的坏消息让后来的移民们对大盐湖望而生畏。

1896 年太平洋铁路建成了，但只能从湖的北面绕行。大量的弯道和爬坡给火车运行带来很大的困难，难以满足越来越多的运输要求，严重影响了美国的东西部交通。于是南太平洋铁路公司在 1902 年决定修建一条从大盐湖东侧的欧登镇到湖西的路辛镇的跨湖铁路栈桥。人们用了一年的时间，在湖水较浅的地段用土石直接填湖筑堤 30 千米。在较深的约 20 千米湖段人们打入湖底近 3 万根木桩，承托起一道约 5 米宽的栈桥，在上面铺上铁轨。这座铁路长堤的建成把原来多弯多坡的线路变得平坦笔直，把大盐湖东西两侧的交通缩短了 70 千米，时间节省了 7 个小时。20 世纪 50 年代，已经使用了半个世纪的木头栈桥被更加坚固稳定的土石长堤所替换。

路辛铁路堤的建成终于使大盐湖天堑变通途。人们纷纷从美国各地涌来，登上从欧登镇发出的列车，去享受“乘火车驶进大海”的特殊乐趣。这让本来宁静的小镇欧登几乎在一夜之间变成了一个繁华热闹的美国南北交通的枢纽。最高峰时欧登镇每天有 120 列火车通过。

坐落在盐湖城北面不远的欧登现在是一个有 10 万人口的城市。它位于大盐湖的东面、威伯河入湖的三角洲上。欧登被称为犹他州最早的殖民点。

1846 年，原居住在美国中部伊利诺斯州的摩门教创始人约瑟夫·史密斯被杀，摩门教徒受到排挤和迫害。史密斯的继承人布里根姆·扬决定率众摩门教徒出走伊利诺斯的诺乌城，去西部寻找摩门乐土。

大盐湖的铁路建成以后，欧登小镇变得繁华起来，一些宏伟漂亮的建筑拔地而起，让这个小镇变得气派起来。

1847 年 4 月，7 万摩门教徒扶老携幼组织起牛马车队，跟随扬教主向西进发。他们历尽艰辛，横跨美国大陆，穿越了瓦萨基山脉，来到了人迹罕见的大盆地。面对这片无垠的荒漠盐湖，扬教主和信徒们感到失望之后，也看到了这片土地的宁静无扰，这正是他们寻找的避世之地。另一方面，尽管大盐湖荒凉贫瘠，但在它的几条河流的三角洲地带和有泉水涌出的几个岛上仍然是草木丰茂、适于农耕与放养牲畜。于是因征途而身心交瘁的布里根姆·杨教主用手中的拐杖指着这片土地对追随者们说道："这里就是我们的落脚之地。"

摩门移民的到来让默默地存在了千万年的大盐湖的价值显现了出来。人们在三角洲肥沃的土地上播种，在荒岛上放牧，在盐湖里采盐。他们用牛车一车车从山里拉来开采出的石头，用了 40 年的时间建起了最宏伟的摩门圣殿——盐湖城ＬＤＳ大教堂。150 年过去了，大盐湖畔出现了一座有 110 万人口的现代化大都市——盐湖城。

纵观世界著名的大盐湖，犹他大盐湖是唯一一座紧靠现代大都市的盐湖。它的荒凉寂静、亘古不变与盐湖城的繁华热闹、日新月异形成了鲜明的对照，也不可能不息息相关。为此我很想知道盐湖城人对他们身边的这个大盐湖

美国盐湖城摩门教教堂是盐湖城的标志性建筑。

有着怎样的情感。面对我的问题，犹他州西敏斯学院大盐湖研究所的杰米·巴特尔感到有些难以回答。作为一个盐湖城的居民，又是专门对大盐湖进行研究的科学工作者，她当然对这个湖有着特殊的感情。但说起盐湖城的居民对大盐湖的看法，她看上去有点为难：“很难说，喜欢不喜欢的人都有。”她说。

在普通的盐湖城居民中，有着像我们的摄影师查尔斯那样对大盐湖的景色着迷的人。在他的镜头中，大盐湖的春夏秋冬、晨曦暮色都是那么美。但也有不少的人对身边的这个大盐湖并不太感兴趣。他们认为它景色单调，草木不丰水不甜美。走近了除了嗡嗡叫扑面而来的盐蝇，还常常有一股腐败的藻类的恶臭。因此他们宁愿到城市东面山里的树林和溪流中去户外旅行，而不去离城市一箭之遥的大盐湖去度假。在湖里最大的岛屿——羚羊岛上的公园，我们看到周末的游人也不过十来个，十分萧条。“这主要还是人们对盐湖不够了解。”杰米说：“我们正努力向人们宣传大盐湖的历史、文化和生态的重要性。”

在大盐湖不多的几项吸引人的大众娱乐游览项目里，不沉戏水算得上是最重要的一项。湖畔的居民早在 20 世纪初就认识到了这一点，在湖的南部沿湖畔修建了好几处以戏水为目的的游乐场。其中最著名的是“盐台”。它是一座规模宏大、古色古香的水上城。带角楼和巨大圆形穹顶的主体两侧弧形展开两条长长的栈桥，环抱湖水。游人可以在里面畅游戏水。20 世纪初是盐台的鼎盛时期。游轮和火车满载着大批的游客来这里观光游览。20 世纪 30 年代由于大盐湖的水位下降，栈桥被迫关闭。此后的几十年它随着盐湖湖水的几涨几落而兴衰，并且几次遭到火灾。如

大盐湖边，一个黑人舞者舞起他的红绸，色彩单调而寂静的风景与跳跃的浓重的色彩形成了鲜明的对比。

今盐台只剩下了一座重建的主厅。游人们只能在展览厅的模型上回顾盐台当年的兴旺。

与盐台的衰败相比，大盐湖另有一项享有盛誉、经久不衰的体育娱乐活动，那就是赫赫有名的大盐湖飞车。飞车道位于大盐湖的西面与温多沃之间的盐滩上，平坦笔直又宽阔。除此之外，盐滩表面软硬适中、平滑有度、湿度合适，为高速飙车提供了非常理想的条件。半个多世纪以来，每年的 9 ~11 月在这里都要举行各种世界顶级飞车大赛。盐滩上到处都是装饰迥异、奇形怪状的赛车和疯狂的飙车人。一项又一项的飞车世界纪录在这里大盐湖上一年一度的飞车大赛能带来激动人心的时刻，大盐湖的干涸部分即盐滩在每年的9~11月会举行疯狂的赛车运动，钟爱速度的赛车手和形形色色的汽车会在这里齐聚。

诞生再被打破。其中有1970年美国飞车选手贾利·卡伯里克驾驶的“蓝色火焰”创造的每小时1001.67千米的惊人纪录。

早在19世纪末连年大旱时就有人预计大盐湖将最终干涸消失。虽然西部移民开发以来城市发展和农业灌溉大量截流了盐湖的淡水供应，但近一个半世纪过去，大盐湖的平均水量似乎并没有明显减少。20世纪60年代，当大盐湖的水位下降到了它的历史最低水平时，人们曾经担心这

样下去有朝一日盐湖会完全干涸。但是在 70 年代它的水位回升到了 50 年最高时，政府又开始警告人们涝灾的危险。80 年代末，大盐湖的水位超过了百年纪录，大片大片的湖边田野和村镇被淹。人们被迫斥资 6000 万美元修建大型抗洪排涝系统。

地球气候的旱季与涝季交替，大盐湖的湖水随之起起伏伏。它的未来会怎样？人们是应该担心它的干涸消失，还是应该准备再次启用排涝设施呢？

休伦湖下藏宝库，加拿大的大盐矿

夏日的阳光照耀着休仑湖畔做日光浴的人们。傍湖小镇古德里克的小饭馆里飘出了炸鱼和土豆条的诱人香气，到处都是一派轻松惬意的休闲气氛。眼前浩瀚的如同海洋一般的大湖碧波万顷，谁会想到就在脚下几百米深处蕴藏着一片同样面积辽阔的大盐矿。

一切都开始于 150 年前的一次歪打正着的地质勘探。1866 年一位名叫萨姆·普拉特的面粉厂老板成立了一家石油钻探队，竞标在古德里克一带钻探石油。钻探队在城外向下钻了 200 米仍然没有见到有石油的迹象。很多人都泄气了，决定放弃。可是普拉特仍然坚持继续下钻。原因只有一个，就是在当地政府的招标合同上规定，如果钻探深度能达到 305 米，就可以奖励一定的资金给钻探队。在奖金的鼓励下，普拉特继续下钻。当到达 294 米深的时候，还是不见油星儿，钻机只触到了一层白花花的岩层。普拉特这时已经不关心什么石

休伦湖是北美五大湖中第二大湖，其位置居中。由美国和加拿大共有。休伦湖碧波荡漾，盐矿的旁边就是人们度假的沙滩。

油了，他的目标只有一个，就是深度305米。

他终于钻到了这个深度，拿到手了一批不小的奖金。然而在这个深度钻芯里仍然没有见到黑色的石油，正相反是洁白色的岩石，原来这地下300米深处深藏的不是黑金石油，而是白金——盐。

普拉特们当时并不知道，他们歪打正着的发现只是揭开了大冰山的一角，他们发现的是北美大陆上的地下大盐层之一——密执安盆地盐脉。这个盐脉分布于北美五大湖的休仑湖和伊利湖畔，包括了加拿大安大略省西南部和美国密执安州北部和底特律市，并伸向休仑湖中六七千米。

普拉特用他赢得的钻探奖金和意外发现的地下资源开了一家盐业公司，用蒸发卤水的方法制盐。每天可以开采约15吨卤水。在以后的五六年里这一带开办了12家盐业公司，最多的每天可以开采90吨盐。1894年加拿大古德里克盐矿生产的盐在巴黎世博会上一举打败了老牌的英国盐而得到金奖。

20世纪50年代以前，古德里克地区的盐场一直采用简单的卤水蒸发形式制盐，用上百口大铁锅熬盐水，用木柴烧火。后来受木柴来源的限制又改为用煤炭。直到1955年在古德里克盐场正式成立了希夫托盐业公司，并且开始开采石盐矿。经过半个世纪的发展，希夫托盐业公司已经发展成为世界最大的盐矿。至今从古德里克盐矿开采出的石盐已经达1亿5000万吨。

现在盐矿的年产量约900万吨并保持着平稳的增长。希夫托盐业集团目前拥有一个石盐矿和一个卤水矿。它的石盐矿有3个竖井，在地下500多米的深处采用钻孔爆破的方式开凿。开采出巨大的盐室有15米高，全部靠盐柱本身支撑。盐石被开采下来以后要经过多道粉碎工序变成粗盐粒储存，或者通过船只运输到各地。这种粗盐粒有80%作为加拿大和

湖畔高浓度的盐水结晶出来，形成美丽的盐晶花。

美国各地的冬季公路融雪用盐，另一部分作为工业化工原料。

希夫托的卤水矿主要生产食盐和食品工业用盐，高压水被压入地下盐矿，产生的饱和盐度的卤水被泵到地面上经过一系列的蒸发工序制成盐结晶。这些盐结晶还要经过水洗洁净，再过滤干燥后成为高纯度的精盐。

希夫托盐矿除了蕴藏量极为丰富的盐层外，还拥有得天独厚的地理位置。五大湖区是北美最重要的传统工业基地。除了四通八达的公路和铁路运输网以外，位于休仑湖边的古德里克还拥有非常便利的水上运输条件。实际上希夫托盐矿的地面矿址就修建在湖畔，并建有一个伸入到休仑湖中的大型装卸码头。每天有 100 多艘大型货船在盐矿码头上装盐，通过水路运送到北美各地。

在世界上像希夫托盐矿这样位于人口密集、工业和运输发达地区的超大型盐矿非常少见。它的盐产量接近加拿大的盐总产量的一半。这座北美大陆第一个发现的大盐矿，至今仍然是世界最大的盐矿，并且号称拥有开采不尽的蕴藏。

加拿大斑点湖，印第安人的神湖

据说在加拿大的不列颠哥伦比亚省有数百个内陆的小盐湖。它们有的是盐碱泥淖，有的是干盐滩，有的是终端湖泊，有的是一潭死水。这些盐湖湖水所含的矿物质各有不同，氯化钠、氯化镁、硫酸镁、硫酸钙、硫酸钠都十分丰富。在这些地处人烟稀少的地区，看上去没有什么稀奇的盐湖当中，有一个极为奇特的小盐湖。它曾经号称是加拿大的十大自然奇观之一。它就是位于不列颠哥伦比亚省西部的小镇奥索尤斯附近的斑点湖。

虽然斑点湖也地处偏远，但在奥索尤斯的公路上行车的人们如果注意，仍可以很清楚地看到这个奇景。只见一处荒凉的山坳里，一片不太大的发白的水面上密密麻麻布满了大大小小的圆圈。大的直径十几米，小的不到 1 米。而且它们的颜色各异，从淡黄、草绿到深绿，每个圆圈都套着一个白色的圆环。这个景色极为奇特，很像哪位异想天开的艺术家的大作。

水面上一个个大小不一、颜色各异的圆圈就是斑点湖景观的代表了，我们不难想象它的名字的由来。

其实“斑点湖”的奇景是大自然无意之间的手笔，也可以说是盐的恶作剧。

原来这个斑点湖是一个矿物质含量极高的盐湖，斑点湖四周被荒山包围。地表土壤里含有大量的矿物质，它们被雨水带到地势低洼的地方积存下来形成了一个浅水小湖。由于该地区的降水量很少，这个小湖的湖水在夏季里阳光的暴晒下不断地蒸发掉，到了夏末湖水中所含的矿物盐的深度接近了饱和状态。于是矿物盐开始从水中解析出来。随着湖水的一点点干涸，湖床变成了一个个相互不连接的圆形和椭圆形小水坑。每个水坑四周已经干涸的湖床被析出来的盐分弄得白花花的一片，而每个沙坑里残余的湖水因为各自所含的矿物质的不同而呈现出乳白、黄灰、草绿、土黄和蓝绿色，放眼望过去，山坳里就出现了一个五彩缤纷的大斑点图案。

斑点湖的图案的大小和颜色随着季节、气温和降雨情况的不同而发生变化，水中的矿物盐是这些变化的主导因素。据考查，斑点湖湖水中最丰富的矿物盐是硫酸镁化合物，包括了泡碱、泻盐、芒硝、镁矾等等。另外，还有同样丰富的碳酸钠和硫酸钙等其他 8 种矿物盐。

自古以来居住在这个地区的土著印第安人就把这个奇异的斑点湖作为他们的神湖。他们早就发现这个湖水对许多疾病和伤痛有很好的治疗作用，所以又称它为药湖。在历史上各部落的印第安人曾经达成过协议，允许在部落之间的战争中不同部落的受伤人员都可以到湖水中泡浴以治疗伤口。除了治疗作用以外，斑点湖也是各部落的印第安人精神朝拜的地方，多少年来在湖边留下了大量各种祈拜仪式留下的祭坛和祭柱。在印第安人的传统中流传着许多关于神秘的斑点湖的故事。他们说在斑点湖上一共有 365 个怪圈，每一个都有医治一种病痛的效果。

阳光照射下，湖水蒸发，盐开始结晶，湖床上大大小小的“盐圈”就形成了，每个小圈的色彩也因为矿物质含量的不同而呈现出不同的颜色，大自然不需要想象力就能创造出这样独特的“艺术作品”。

在现代，人们看到的是这个富含矿物盐的湖泊的经济开发价值，在第一次世界大战期间，加拿大曾经雇用了一些华人劳工专门在斑点湖捞采矿物盐。他们以每天 1 吨的产量把芒硝等矿物盐送到兵工厂去生产弹药。

后来斑点湖被私人购买。20 世纪 70 年代末，湖的主人曾经打算大规模地开发斑点湖的矿物资源，因此而遭到当地的土著社区的反对。有人提出由土著社区赎回斑点湖的建议，但终因在价格上差异太大而未能成交。

2001 年，在湖的主人再次准备大力开发湖泥作为一家美国自然疗养基地的用材时，这个赎购计划又被提了出来。在加拿大政府原住民事务部的协助和资助下，奥索尤斯地区的印第安原住民社区与斑点湖的私人拥有者经过谈判以 150 万加元达成协议，终于把这个有千百年历史的印第安神湖收回到了土著人社区。

在印第安语里斑点湖被叫做“克力库克”，意思是赐予健康之湖。

我们回到火山口山顶上时，浓雾已经把下面的绿湖完全掩盖住了。光秃秃的山脊上散布着一些奇形怪状的树枝，在缕缕的烟云中有点像死人干枯的手臂支棱在那里。这显然也是长年累月有毒气体『熏陶』的结果。然而稍远的山下却是另一番景色：大片大片、郁郁葱葱的咖啡林生机勃勃，肥沃的农田缓缓地铺向远方。

扁担吱扭吱扭的声音渐渐远去了。完成了今天的脚力，挑夫们便可以回到远处村庄的家里。妻子们会像迎接功臣一样为他们送上可口的饭菜，还会为他们按摩疲惫的身躯。而硫磺挑夫们也会在邻居尊敬的问候中，微笑地看着自己即将完工的新屋，盘算着何日去买回那辆向往已久的摩托车。我们怜惜的目光，对他们来说，就是硫酸湖中的一缕轻烟。

巴基斯坦科瓦尔盐矿，亚历山大大帝的发现

巴基斯坦的科瓦尔盐矿竟然是历史上最伟大的君王亚历山大大帝发现的，这听起来让人肃然起敬，实际上，科瓦尔盐矿的发现者既不是亚历山大大帝本人，也不是他的征战欧亚大陆的军团士兵，而是他的那些战马。

公元前 326 年，当无往而不胜的亚历山大东征军团从欧洲向亚洲进发经过巴基斯坦北部，来到喜马拉雅山脉的脚下时，休整的士兵偶然发现自己的坐骑都在贪婪地舔着石头。好奇的士兵也趴在地上舔了一下那些石头，发现它们竟是一块块的大盐块，于是一座大盐矿就这样被发现了。

2400 多年过去了，今天，科瓦尔盐矿仍然是巴基斯坦最大的盐矿，也一直是世界上第二大盐矿，据估计它的总贮藏盐量达到 67 亿吨，按目前的开采进度，仍然可以开采 350 年。

科瓦尔盐矿位于喜马拉雅山脚下的一条巨大的盐脉地层上，这条盐脉总长 300 多千米，方圆 110 平方千米，从上到下共有 7 层矿脉，共约 150 米厚。

在 19 世纪末，英国殖民者正式扩建科瓦尔盐矿之前，这个盐矿已经经历了数百年的小规模开发。但是它的生产工具原始落后，设施窄小不便，效益很低。英国人进行了大规模的改建、扩建，拓宽坑道，增加仓库，加修运输线路，更换现代化采矿技术，并且大力控制盐走私，使科瓦尔盐矿成为了世界上规模最大的现代盐矿。

科瓦尔盐矿共有 19 层，其中地下 11 层，整个盐矿只有一半进行开采，另一半作为矿井的岩壁支撑，这个盐矿伸入

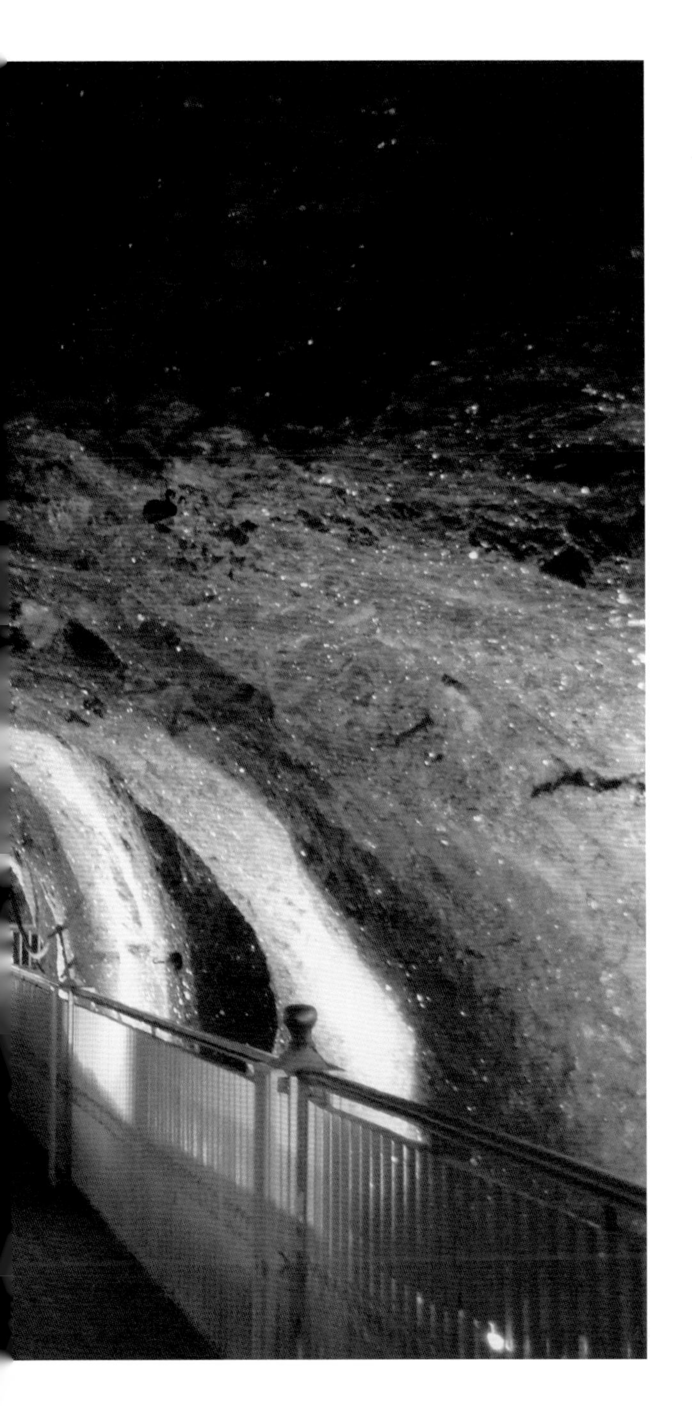

大山心脏，纵深近 800 米，迷宫般的作业坑道总长达到了 40 千米。

让科瓦尔盐矿闻名于世的不仅仅是因为它的悠久历史和数一数二的规模，还有它的大型地下盐矿艺术宫殿，它作为一个著名的旅游景点对游人开放，每年吸引几十万游客前来观光，为盐矿带来巨大的收益。

科瓦尔盐矿的巴德沙里清真寺是地下盐宫里最老的盐砖建筑，已经有近 60 年的历史了，它全部用半透明的盐砖建筑，这些盐砖因所含的矿物质成分的不同而呈现出洁白、粉红、砖红、蜜黄等不同颜色，在内部灯光的映衬下，闪烁着红色的光芒，显得既庄严又神秘。

近年来，为了吸引游客，科瓦尔盐矿宫中又增建了许多新的盐砖艺术品，其中有中国的长城，巴基斯塔著名旅游胜地穆里，拉合尔革命纪念塔，著名诗人穆罕默德·伊克巴勒雕像。高达 75 米的盐厅里有旋转楼梯送游人登上顶层。纯粹用盐块建造的 10 米宽无桥柱的单孔盐桥横跨在绿色的地下盐湖上。还有盐巷两侧的爱情墙

科瓦尔盐矿已经是一处著名的旅游观光地，宽敞的坑道里装饰的各色彩灯，坑壁上反射的零星光斑，给这里增添了神秘的气息。

和愿望墙。甚至在盐矿的深处还有一间世界上独一无二的盐矿邮局，游人可以在里面寄出盖着有纪念意义的邮戳的信件和明信片。

在地下盐宫的小型历史博物馆里，人们可以了解200多年前在英国殖民统治下，科瓦尔盐矿的矿工们非人的劳动，其中包括了这里的妇女和儿童，他们每天被关在井下开采，直到完成定额后才能走出矿井。有些孩子就出生在井下。至今在矿井的入口，人们还可以见到十几座因参加罢工而被枪杀的童工的坟墓。

如今，除了矿工的工作条件已经根本改变之外，科瓦尔盐矿已经成为巴基斯坦著名的旅游观光地。2007年，一座20个床位的地下盐疗室在盐矿建成。专门的坑道观光小火车把游人方便地送到700米的大山纵深处。

最近几年，一种出产于科瓦尔盐矿的“喜马拉雅盐”在欧美许多国家的市场开始走红，这种盐具有一般的食盐

科瓦尔盐矿的艺术品是一场视觉的盛宴，璀璨的灯光辉映着，这个小小的盐砖灯墙只是其中的一个缩影。

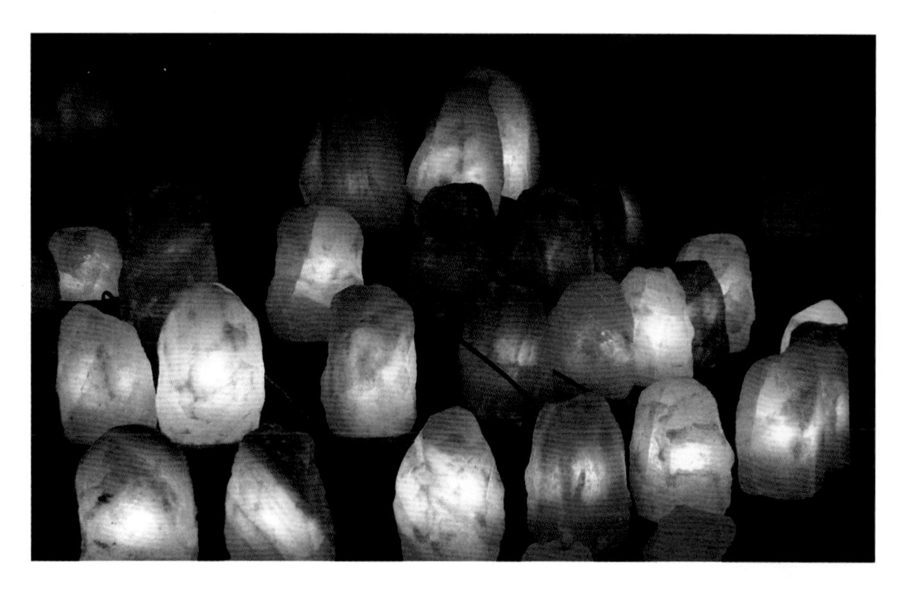

这些从地下开采出来的盐矿，被销往各个国家，在能工巧匠的手下，这些盐矿石会变成美丽的艺术品。

没有的美丽的粉红色，除了它的独特的味道之外，用这种盐石加工出来的雕塑工艺品也非常走俏。

粉色盐雕工艺是巴基斯坦北部拉瓦尔品第地区传统的工艺品之一，本地出产的带有粉色、红色、黄色的盐块，经艺人之手被雕成各种各样的民族手工艺品，而近年来随着养生、健康、环保等概念的日益普及，“喜马拉雅盐灯”正在成为一种时髦的日常家庭用品。

这是用粉色和金黄色的盐块雕制成的小台灯，在盐块里安装上灯芯以后，它可以映衬出非常美丽和柔和的彩色光来。宣传者说，因为盐块中的矿物质在灯光的加热下可以发射出许多负离子进入空气中，因此有改善室内空气，增加人的大脑血流的含氧量，提高身体的免疫力，减少精神压力和改善周期性的头疼等等功能。虽然这些效果并没有得到有力的科学研究结果的证实，但喜马拉雅盐灯神秘的名称和美丽的外观让它越来越多地受到欧美消费者的青睐，也同时把巴基斯坦科瓦尔盐矿的名声传播到世界更多的地方。

伊朗 3N 洞，世界最长的地下盐洞

在波斯语中“纳玛克”是“盐”的意思，它也是一支捷克地质探险队的名字。这支由布拉克杰尔斯大学和捷克科学院的地质学家和探洞爱好者组成的探险小队于 2006 年宣布，他们在伊朗波斯湾地区发现了世界最长的地下盐洞——3N 洞。

事情起源于 1997 年，一位捷克布拉克杰尔斯大学的地质学教授在讲课时告诉自己的学生，伊朗南部的扎格罗斯山脉存在着许多尚未被科学文献记载过的喀斯特岩洞，他本人已经在那里探查了十几年。这位教授的讲课引起了两名大学生的极大兴趣，他们是探险发烧友，尤其热衷于对地下岩洞的探奇，于是他们约了几个伙伴来到扎格罗斯山脉做探洞之旅。

扎格罗斯山脉是伊朗最重要的山脉，沿波斯湾岸边呈西北—东南走向，绵延 1500 千米。这是地球上的一个年轻的地质断层带，生成于 20 世

扎格罗斯山脉大陆气候明显，炎热而干旱。这里植被稀少，一些地方裸露着石灰岩层，这里蕴含着丰富的盐资源，已经探明的盐带多达 200 多条。

纪的中期，在山脉的地表岩层中，5 亿年前古海洋底生成的数百米厚的盐沉积层被厚达几千米的岩石层覆盖，在几百万年的重压下，盐层被推升到地表，与石灰岩层相交错断裂，形成了大量的盐和石灰岩岩洞。在这里已经探查到的盐带有 200 多条，它们的长度从 1 千米到几十千米不等，是地球上发现的最好的盐喀斯特地貌群。

扎格罗斯山脉是一处非常干旱炎热的高原，年降水量不到 300 毫米，而且常常以集中的降雨形式出现，雨水很快便渗入地下，夏季地表气温可达 50℃ 以上，极为炎热。这样的气候条件使这里成为了满目苍凉的不毛之地，漫山遍野只有干旱冒烟的碎石。

然而，就在这峥嵘荒凉的大山腹地，深藏着大量盐岩与石灰岩混合的地下岩洞，它们四通八达，形成了一张巨大的地下喀斯特岩洞网。与世界上其他地区的喀斯特岩洞不同，扎格罗斯山脉的地下岩洞因为盐的存在具有独一无二的特点。

除了普通石灰岩地下岩洞都会有的钟乳石、石笋、石柱等各种形态的岩石结构以外，盐洞里存在的大量盐结晶，创造了比石灰岩更令人惊叹的地貌景观。这些景观晶莹剔透，形体鲜明、边缘锐利，在灯光下发出更加耀眼的光芒。常常在白色和灰白色的盐岩基底上，生长着许多因为含的矿物质不同而呈现出五颜六色的盐晶。它们大的可长达十几米，小的仅仅是晶莹的盐花。最让人惊奇的是这些盐晶景观生成的速度，普通的石灰岩岩洞里的石笋、石钟都是用了几十万年滴水成石的结果，而在盐洞里，雨后岩洞缝隙中的渗水可以在几周甚至几天的时间里就创作出一件美丽的盐雕作品来。用探洞者的话来说，一根盐柱一个月就能长长半米，用眼睛就能看到它的生长。

也正是由于盐易溶于水的这个特点，盐洞的形状、大小、结构和内容物变化相对较大，特别是在一场较大的降雨之后，雨水进入盐洞很容易造成盐柱变形，支顶坍塌，原有的结构消失，甚至整个岩洞完全堵塞不复存在，这种时候也是进入盐洞探险最危险的时候。

水晶宫般美丽、幻影般变化多端的地下岩洞极大地吸引了捷克探洞者们的好奇心和探险欲，他们在扎格罗斯山脉的地下乐此不疲，钻进钻出。从1998年至今已经发现了60多个地下盐洞，对其中的30多个进行了探查并测制了地图。

至2006年3N洞已经探明的长度为6580米。自从3N洞被冠以世界最长的地下盐洞的桂冠以后，对该地区其他盐洞的探索仍在继续。纳玛克探险队的记录在不断增长，由于他们的探险与发现，伊朗已经把3N洞所在的凯斯罕姆岛列为国家地质公园，并且此地质公园在2006年被联合国列入了世界地质公园网。捷克电视台和伊朗电视台都对3N洞进行了报道，著名的BBC和美国国家地理频道对3N洞探险的专题报道让它的名气越来越大，3N洞已经成为地球盐景观中规模最大的一处奇景。

驾车行驶在扎格罗斯山间的公路上，沿途可以看见裸露的岩石层，稀疏的植被附着在着巨大的山体之上。

印度洋盐滩，印度的经济之盐、政治之盐

印度洋畔，一片像荒漠一样寸草不生的盐碱滩涂。放眼望去，满眼只有两种颜色：白花花的盐碱和棕黄色干结的土壤。这里是印度的产盐大邦——古吉拉特邦的海滨盐场。

盐工波拉德伽玛在炎炎烈日下掏出一面小镜子，这是他在盐滩上干活时随身携带的必备之物。在这片辽阔的、没有任何特殊参照物可以确定方位的滩涂上，迷路是难免发生的事情。为此盐工们发明了这种独特的呼救方法——借助阳光在镜面的反射向远处的同行问路或者求救。

印度的国土就像从世界屋脊上俯冲进印度洋的一块巨楔，它的东西两侧绵长的海岸滩涂是天然的海盐场。目前印度是继中国、美国之后世界第三大产盐国。它的盐年产量达到 2000 万吨左右，其中 70％以上来自海盐，而位于西海岸的古吉拉特邦的海盐产量占印度全国海

在蓝天下，盐工日复一日地劳作，为了维持生计，即使是妇女也一样要承受繁重的体力劳动。

盐产量的70%。

每年7月到9月的雨季里，海水和来自陆地的洪水会淹没古吉拉特邦的大片滩涂。在10月以后的旱季里，海水逐渐蒸发，海滩上留下的盐分变干成大片的盐壳，变成天然的盐场。盐工们使用又宽又大的特制钉耙把固结的盐粒搂在一起，再把它运到市场上去。这种简单的生产方式与千百年前相比没有太多的改变。难以想象的是在印度这个世界第三大产盐国的盐业中，真正算得上是大规模的现代化工业竟只占整个采盐业的3%。印度的海盐场面积约有50万公顷。13000多个生产单位中90%是面积10公顷以下的家庭小作坊。约3万名盐工用原始的生产方式不但满足了这个国家本国对盐的需求量，而且使印度成为盐的出国大国，年出口量200万吨，出口到日本、菲律宾、印度尼西亚和马来西亚等亚洲国家。

在印度，从事采盐业的多为低种姓的下层民众。其中许多人生在盐滩，从小就跟随父母在盐场干活。他们的下一代也同样重复着父辈的生活方式，似乎不可能逃出这个苦难的圈子。在每年的雨季，盐工们生活在靠近盐滩边的村庄里。雨季一过，他们便进入茫茫盐滩，在烈日的暴晒下终日劳作，一干就是八九个月。波拉德伽玛就是其中的一员。他与妻子一起在自己的小盐场干活。他们拥有一辆经过改装的破旧的三轮摩托车。波拉德伽玛开着它在崎岖不平的盐滩上颠簸着，把采出的盐送到很远的集镇市场上去。在那里他以极低的价格把盐卖给盐贩。优质的海盐每100千克可以卖到6美元，而质量差一些的100千克只能得到50美分。

他和妻子的手和脚上都沾满了盐粒，干得就像一截黑色的枯木。据说长期的暴晒和盐对皮肤的侵蚀使盐工们的健康都受到严重的伤害，眼疾甚至失明在盐工中是常见的疾病。印度地方政府有时会为盐工们提供廉价的手套、靴子和墨镜等防护装备，但在严酷的环境里它们往往很快就磨损了，不能及时更换。在日常生活里，淡水和新鲜的蔬菜是非常稀贵的东西。在七八个月的采盐期里土豆和面饼是他们唯一能保障的食物。恶劣的生活条件和艰苦的劳动让盐工的平均寿命只有五十几岁。甚至在他们死后，悲惨的命运仍跟随着他们。据说盐工的手和脚由于在一生中终日接触高浓度的盐，已经被盐所饱和。因此在他们死后焚化尸体时，盐工的手脚竟难以完全焚化成灰烬。

“盐是人的生活中不可缺少的重要食物，而我们这些

妇女们身着鲜艳的民族服饰，在一座座“盐山”之间来回穿梭，用头顶把盐从这边运到那边，不知道她们每天要走多长的路，运多少盐。

采盐人却是这个社会里最下贱、最无助的人。”波拉德伽玛无奈地说：“更让人无望的是我们看不到自己的孩子们脱离这个困境的可能。”

印度一代又一代的盐工在海滩上默默地为这个国家创造着财富。他们的困境很少受到人们的关注。然而他们所生产的盐，却曾几何时成了这个国家政治上最敏感和关键的话题。它曾伴随着圣雄甘地而闻名世界，最后让印度摆脱了大英帝国的长期殖民统治，最终走向了独立。

印度的东海岸孟加拉湾边的欧里萨邦有着大片的优良海滩盐场。那里生产的一种叫“潘咖”的海盐质地纯净、价格低廉，在 18 世纪末 19 世纪初的英国海外殖民地市场上享有盛誉。英国政府为了保护本土的制盐业和垄断海外食盐市场，在印度采取了一系列强权的不合理竞争手段，用立法和增加盐税的方式限制欧里萨的私盐生产和销售。殖民地的法律规定：所有盐场生产的盐都必须以英国政府规定的价格卖给官方市场。任何私人生产和销售盐均为非法。英国的东印度公司甚至为此从喜马拉雅山到欧里萨邦之间修起了 4000 千米长的铁丝网来防止食盐走私，并且规定任何私自从事与盐有关的活动均为犯法，甚至禁止人们在海滩上捡拾或刮取原盐。1923 年，英国政府以“盐税是欧里萨邦的穷人为国家所做的唯一贡献”为由，再次决定把盐税提高一倍。

英国政府的这一系列变本加厉的政策把印度民众特别是下层的盐工几乎逼入绝境，民怨沸腾。盐，成了一座社会即将爆发的火山。

圣雄甘地顺应民意，清楚地看到了盐危机背后存在的政治机遇。他向英国政府指出：食盐政策是英国在印度所实施的错误殖民政策的代表作之一。它严重地危害到了印度人民的利益。在英国政府对甘地的改革呼吁置之不理的情况下，圣雄甘地与78名追随者于1930年3月12日从艾哈迈达巴德附近的阿什拉姆起开始了380千米的著名“食盐进军”。

在近一个月的时间里，圣雄甘地以病弱之躯与同伴们一起每天清晨上路，日行20千米向着海边进发。虽然英国官方的舆论竭力诋毁和嘲笑圣雄甘地的行动，但在世界其他国家，这位以似乎不堪一击的病体抗击当时世界上最强大的殖民霸主的印度人得到了大力的关注和赞扬。

经过25天的行军，甘地一行到达了印度洋边的旦迪的时候，他的追随者已经从出发时的78人变成了数千人的大军，其中包括知识分子、社会精英、妇女、富人和贫苦百姓。在印度洋边，圣雄甘地脚踩海水，在夜幕下为印度进行了祈祷。随着清晨的第一缕曙光，他走上盐滩，弯腰拾起了一块盐巴。

这一简单的举动具有划时代的意义——英国在印度殖民地实施了几十年的禁盐令在世人的面前被公开打破了。从此，印度走向了摆脱英国殖民统治、争取独立之路。

印度在1947年取得独立以后，仅用了6年时间由食盐依赖从英国进口变成了食盐自给，并且进一步成为盐的出口大国。它的盐产量从1947年的190万吨增长到了2005年的2000万吨。

圣雄甘地在印度洋畔盐滩上留下的脚印让印度的盐走出了经济的版图，踏上了政治舞台，并在这个国家的历史上书写了重要的篇章。

盐让印度摆脱了英国的长期殖民统治。它是否也能让印度下层的盐民们有朝一日摆脱他们千百年来艰苦无助的生活呢？

THE JERUSALEM
POST
U.S., Soviets
argue over
M.E., Africa

死海，焦渴的等待

这是一条号称是世界上海拔最低的高速公路，它从以色列与黎巴嫩边境的城市梅图拉出发，向南伸延了200多千米以后就进入了死海地区。它沿着死海的西岸继续向南，一路上阳光炽热景色单调。一侧是干得挤不出一滴水的不毛黄土山崖，零零星星地可以见到一些被高大的棕榈树围绕的绿洲，小得只能算得上是块绿地。据说这些绿洲大部分是以色列的军营。公路的另一侧是锦缎般深蓝色的湖水，万顷碧波近在眼前，却难解从心底生出的燥热与焦渴。一个念头冒了出来：如果这个盐湖不叫“死海”，也许此时的感受会舒服些吧。

“死海”，这的确是一个形象写实的名字，却难以像大多数著名的湖泊那样在历史的记载里找到它。虽然早在有文字记载以前，它就已经被约旦河抛在了荒凉的裂谷的尽头，但古人却没有把“死”与它联系起来。在

深蓝色的湖水、远山，让人怎么也不能把它和“死海”这个名字产生联系。尽管它有一个让人望而生畏的名字，这里依然是旅游胜地。

古老的犹太圣经里，它叫“盐海”“阿拉巴海”或者“东海”。

这个被现代人称为“死海裂谷”的地方形成于 300 万年以前。那时由于地壳板块的漂移运动，地球正发生沧海桑田的巨变。非洲板块和阿拉伯板块以不同的速度平行移动，造成了板块之间的错位断裂，形成了从红海直到非洲中部的大裂谷。而死海裂谷则是地球这个巨大裂缝的一小部分。开始时，它是地中海边一个狭长的海湾。在 100 多万年的时间里，地中海的海水周期性地淹灌这片凹地。

150 万年前，地壳的运动使地中海与死海裂谷之间的陆地抬升，阻断了海水进入的海湾口。于是海湾变成了一个微咸的大湖。地壳的运动，地球上气候的周期性变化使湖水的面积和深度不断发生着变化，最后演变成现在的死海。

死海的海面低于与其一山之隔的地中海海面 423 米（2009 年），是地球陆地的最低点。其最深处 377 米，是世界最深的盐湖。死海的含盐度达到 34%，相当于海水含盐度的 8 倍，是地球最咸的盐湖之一。在几万年的时间里，死海的湖底沉积了 3000 米厚的盐层，在覆盖在上面的沙石沉积层的压迫下，比重较轻的盐层被挤压冒出水面，形成了盐丘。后来在陆地抬升作用下，这些似土似盐的土黄色盐丘变成了嶙峋破碎的山崖屹立在死海湖边。在它们的脚下，白色的盐晶继续从湖水里析出来，一团团一簇簇如同美丽的白色珊瑚礁。

与地球上众多的盐湖相比，死海独具的特色是“低”。海平面以下 400 多米的海拔“低”度造成的高气压使这里空气中的含氧度比地球其他任何地方都高。由于同样的原因，虽然天空无云日照强烈，但紫外线的辐射却不大。这两点让死海比那些高原盐湖更具备人类进行盐疗的辅助条件。因此从大希律王的时代起，死海边就建立起了以治疗

从遥感图中，被以色列和约旦的工厂瓜分的死海清晰可见，那些交错的盐池的分界线也显而易见。

漂浮的盐结晶体仿佛是白色的泡沫，它们成片成片的，若即若离。

疾病为目的的疗养设施。在现代，死海边的疗养院是世界最著名的盐疗场所。除此以外，湖水的高盐造成了人在水中不沉的效果，那些躺在死海湖面优哉游哉地看报纸的图片已经让死海的美名传遍了世界各地。每年都有成千上万的游人来到这里享受这一奇异的体验。

在死海湖水里含有高浓度的氯、钾、纳、镁、钙离子，它的溴离子含量是地表水中含量最高的。如此丰富的矿物质含量一方面让死海自古以来为人类提供了从古埃及的木乃伊制作所需的神秘配方到现代美容化妆品的高档原料。另一方面，以色列和约旦两国从 20 世纪初起就在死海边建了从湖水里开采钾盐、溴盐的化工厂。两国的死海钾盐年产量都达 200 万吨以上。目前死海的南端完全被以色列和约旦的化工厂盐水蒸发池所占据。从卫星图上人们可以清楚地看到那里大片的盐池。沿着两国的国境线修筑的一条主堰从北到南把湖滩一分为二，两侧的盐池纵横交错，就像一片脉络纹理清晰的白色阔叶摆在蓝色的盐湖边。

像地球上所有的盐湖一样，死海是个“有入无出”的终端湖泊。除了岸边和湖底少量的咸水泉以外，它唯一的水源补充来自北面的约旦河。这条发源于黎巴嫩东部的黑门山的大河从高原上奔流下来一头便扎进了负海拔几百米的死海裂谷。它的身后留下了胡拉湖和著名的提伯里亚斯湖。约旦河浇灌的河谷在古老的圣经中被称作“富饶的上帝花园”，河水一路为大地带来的绿色使约旦河谷成为中东地区少有的肥沃农耕区。千万年来，约旦河源源不断地为死海送去宝贵的水源，它是维持死海在地理意义上不死的生命线。

面对死海，人们对“死”的理解不是黑暗而是苍凉。这里的阳光几乎比地球上任何一个地方都明亮。一望无边美如锦缎的湖水衬托在毫无生命气息的土黄色山峦之中。站在这深深的海平面以下的裂谷盐湖畔，人们自然会产生一种对宇宙和苍天大地的敬畏，也不再难理解，为什么这片荒蛮的土地会成为基督、犹太和伊斯兰三大宗教的共同圣地，是世界上几十亿信徒朝拜的地方。

未来，
谁为死海买单

2010年的春天，在死海北面约10千米的约旦河基督受洗地点，从俄国千里迢迢来圣河沐浴的安东尼就是这些信徒中的一个。他身穿素白色的长袍一步步走入河水里，虔诚地把这圣洁之水灌入手中的瓶子里留作纪念。他不会想到，在上游离这里不到100千米的地方，河水展示的是另一幅令人目瞪口呆的景象。

数条粗粗的排污管道从岸边伸进河里，正每天把近280万升的生活污水和鱼塘排水源源排入河中。河边漂浮着垃圾，空气中一阵阵人类污秽的气味。一块警示牌插在河边，上面写着“危险！禁止饮用河水”。在排污管道的附近，从地下抽出来的咸水也冒着不洁的黄色泡沫咕嘟嘟地流进河里，作为对日渐减少的河水的补充。

“这里就是约旦河真正的清水结束之处。”《地球之友》中东组织的干事布隆伯格说：“从这儿开始直到死海，约旦河就是一条这样的污水沟。我们在用垃圾污水填灌这条圣河。”

150年前，一位在约旦河探险的美国人在日记中记下了行船经过激流奔腾河水和一级级的瀑布的情景。这条年水量曾经达13亿立方米的大河如今水量已经减少了60倍，变成了只有几米宽的溪流。这条有气无力的溪流已经难以承担为死海提供水源的重任了。于是人们吃惊地发现，死海的水面正在以每年1米的速度快速下降。在过去的30年里，死海已经失去了14立方千米的湖水。

巴斯隆是死海边一家疗养院的主人，20年前，来住宿的客人出了门几步就可以走入湖水中，如今，湖水已经后退了

死海泥盐是排名第一的天然保养品、护肤品，来这里旅游的游客少不了要体验一下，来个全身泥巴浴。

1 千米，巴斯隆只好用拖拉机来回运送游客去湖边。他无奈地说:“湖水就像在逃跑。我只好开着拖拉机跟在后面追它。”

湖水退去后，地表的盐土层塌陷，在湖岸造成了许多直径几十米的大坑。它们使岸边的农庄、军营和疗养院被迫关闭，并且毁坏了公路。在死海南面的玛萨达山顶，有一座大希律王当年修建的要塞遗址。站在这里俯瞰脚下的盐湖，目光所及都是灰白色的泥泞。死海的南端已经向北退去了25千米，而化工厂还是紧追不舍地用同样长的输水管追着湖水，把它泵到化工厂的蒸发池去。以色列和约旦两国在死海南端的化工厂每年要蒸发2498亿升的盐水用于提炼矿物盐。

死海正在迅速萎缩，越来越多的人在问：死海会不会彻底干涸消失?

诚然，最新的湖底地质钻探结果显示，在过去漫长的地质年代里死海至少发生过两次干涸，都是因为地球自然环境和气候的变化造成的。20世纪以来，人类的发展对地球的环境造成了越来越严重的影响。世界上不少盐湖都因降水减少蒸发加速而逐渐变小。然而，死海严重萎缩的主要原因却与这些盐湖不同。

2009年到2010年由德国达玛斯塔特科技大学的卡兹勒教授率领的研究小组，根据他们在死海地区的调研报告得出结论，认为近三四十年死海的水位快速下降的原因并不主要是地球气候的变化。更直接更重要的原因是人类在上游的大规模截流切断了维持死海水量的生命线。

20世纪60年代，以色列、约旦、叙利亚和黎巴嫩等国家为了发展本国的农业生产，先后在约旦河的主要支流和上游的提伯里亚斯湖上建水坝截流灌溉，并且引水到人口集中的地区作为饮用水水源。一方面，这些举措保障了几十万人的生活用水，并且浇灌出了干旱沙漠地区丰足的瓜果蔬菜，另一方面也埋下了国家和地区之间冲突的种子，甚至直接导致了战争。1964年叙利亚准备在所谓的“以色列的水塔”——提伯里亚斯湖的上游修建水坝，遭到了以色列的强烈反对。结果导致了1967年的“六日战争”，改变了地区的政治格局。

人类在约旦河的上游为了水而你争我夺，把这条河95%的水中途截走了。没有人关心在河谷的末端同样焦渴地等待着的死海。现在死海接受的是约旦河下游40万人口未加任何处理的生活污水、鱼塘排水和农业剩水，让人叹息的是，没有这些污水的流入，死海会变得更咸。

拯救死海时不可待。然而水从何而来？2005年以色列曾经提出过从地中海引水济约旦河和死海的设想。但是地质调查表明，把地中海海水引入死海以后，由于两部分水中成分的不同，混合后会发生严重的化学和生物反应，蓝色的死海水将变成白色或者红色，产生大量的气体，从而使生态环境遭到破坏。2009年，约旦又决定投资200亿~500亿美元，修建一条200千米长从红海引水的运河。每年从红海引海水20亿立方米进行海水淡化，同时灌注死海。

这一巨大的工程是一个不很高明但别无他选的解决办法。它的可行性也首先遇到了约旦河—死海生态环境的考验。红海和死海虽然只有一湾之隔，却是两个完全不同的生态系统。红海水的引入虽然可以补充死海日渐枯竭的水源，但也会从根本上改变死海独有的化学成分，从而带来更糟的环境破坏。目前世界银行正在进行为期两年的引红（海）济死（海）规划的可行性的评估。如果这个规划可以实施的话，焦渴的死海将在六七年后得到新的灌注，脱离濒死的绝境。而在此之前，它只能靠污水而苟延残喘。

今天，我们在这里描述死海独一无二的奇异地理景观，赞美它碧蓝浩渺的湖水、如梦如幻的雾霭和美轮美奂的盐华，我们去享受它神奇的不沉浮力。然而，谁能保证几十年后，这一切不会变成对一去不复返的往事的回忆？

巴尼亚斯岛，盐建的小岛

在波斯湾深蓝色的海水里冒出了美丽的棕榈岛，它是中东富甲们用石油财富堆建起来的人工岛屿。它承载着人类的奢华，迎得了世人对财富的赞美。而鲜为人知的是大自然早已在这个海湾小国的海岸边建造了一个用天然财富堆积而成的小岛，这财富就是盐。

阿拉伯联合酋长国的巴尼亚斯岛可以说是一个地道的盐丘，大自然用了 1000 多万年的耐心把它从 6000 米深的地下托出了海面。

在大约 6 亿年前，这里是一片荒凉炎热的陆地。古海洋的沉积，火山的一次次喷发在这里的地层上积累下了各种古老的岩层，硅岩、砂岩、石灰岩、石膏结晶、火山熔岩和海底盐沉积层混杂交织，其中含有的各种矿物质的化合物使这些岩层呈现出红、紫、黄、绿、褐等不同的颜色。亿万年前地壳板块漂移造成了阿拉伯半岛与欧亚大陆撕裂开来。

巴尼亚斯岛上植被稀少、荒无人烟。

使这片地区随之沉陷。古老的岩层上面继续被新的岩层所覆盖。处于地层深处的古老盐层在巨大的压力和高温下变得柔软、流动。

这半流体的盐层在大约1亿5000万年前开始沿着地壳上岩层的缝隙向地表涌出。它们随着地壳的运动，缓慢地冲破石灰岩的阻挡，以不均匀的速度一波接一波地向上推涌。有的时候每100万年可以上升50多米。到了1000多万年前，向地表运动的地下盐层已经在接近地表的地方蓄积成了大约3000米宽的巨大盐柱。在地壳的挤压下，从地下6000米深处缓慢上升的盐柱最后终于从地表露头，形成了一座高150米的盐岛。

盐岛露出地表以后，地层中的盐在漫长的时间里逐渐溶解掉了，但是在盐层上升过程中裹携而来，同时露出地表的其他质地坚硬的岩石却留了下来，形成了小岛圆锥形的骨架。岩石中的各种矿物质为小岛染上了不同颜色的岩层土壤。

地下深层的盐层以盐柱的形式从地表露头，形成大面积的盐岛和盐丘是地质学中的一个特殊现象。阿拉伯联合酋长国的海边存在着一系列这样的小岛。巴尼亚斯岛是其中最典型的一个。在岛中央的百米盐丘顶上有一个因盐层溶解后留下的洞穴，见证了这里曾经的地层成分。在盐丘的四周散落了大量风化形成的碎石。它们一直滚落到海边，再被海水形成的沙滩所覆盖。

巴尼亚斯岛目前是阿拉伯联合酋长国皇家的私人岛屿，被称作“国父”的该国首任总统谢赫·扎耶德最先在岛上实施雄心勃勃的《绿色沙漠规划》，在岛上建起了4200公顷的自然保护公园对公众开放。在这片用30多千米的围栏圈起的自然保护区里放养着许多海湾地区特有

巴尼亚斯岛上的珍稀动物是一道美丽的景观，长颈鹿迈着悠然的步子，它丝毫不觉得这里贫瘠，在岛上建有自然保护公园且对公众开放。

的珍稀动物，阿拉伯羚羊、沙漠羚、鸵鸟以及专门引入的捕猎动物。国王还在岛上开辟了私人果园用来培植优良的沙漠水果品种。

除了独特的地质、地理景观和珍稀的动植物外，看上去荒无人烟的盐丘巴尼亚斯岛也拥有悠久的人文和历史景观。岛上已经发现的6处考古遗址，其中最早的历史可以追溯到公元6世纪阿拉伯人到来之前。

阿拉伯联合酋长国的巴尼亚斯岛和棕榈岛这两个来源、性质、历史、地理和文化都截然不同的小岛是阿拉伯半岛极有特色的地理景观。

硫磺盐挑夫，火山毒雾中的微笑

凌晨4点钟，爪哇岛的群山还在沉睡，在黎明前的寂静中突然传来一阵有节奏的奇怪声音，吱嘎吱嘎地好像什么东西要折断了。声音越来越近，我悄悄把身边的伙伴捅醒，然后一起从帐篷里探出头去张望。只见山路上打着火把走过来一小队人，是六七名硫磺挑夫。他们已经走了十几里的山路来到这里，打算在黎明前赶到卡哇一伊真火山口去采集今天第一趟硫磺盐的。

卡哇一伊真火山也是我们今天要去的地方。它位于印度尼西亚爪哇岛的东端。印度尼西亚，这个太平洋上的千岛之国，它的历史与火山息息相关，它的地理更是一部火山的遗产。大约在30万年以前，地球欧亚大陆板块和印度洋板块的碰撞和边缘的相互重迭生成了太平洋弧形火山链。印度尼西亚正坐落在这一火山链上。其东部的爪哇岛更是

在乱石头铺成的小路上，硫磺挑夫背上背的硫磺块大约七八十千克，从火山口背到5千米外的收购站，这样一天可以赚到7到8美元。

地球上火山最密集的地区之一。方圆不到 14 万平方千米的面积上，45 座活火山和二十几座大大小小的火山锥、火山口几乎摩肩接踵。

像自然界的所有事物一样，火山们也各自有着不同的外形和秉性。它们中很多有着优美的对称锥形曲线，令人一目了然。但也有很多的外形很不典型。曾经的大爆发使它们面目全非，甚至本来的山形被夷为平地。有时候，地下的熔岩在已经死寂的旧火山上又找到了新的突破口，于是新的火山又在古老的火山遗址上生成了。卡哇－伊真火山就是这样一座年轻的火山。在太平洋火山链生成的初期，当时的古勒金火山隆起高达海拔 3000 多米。在 5 万年前它进入了喷发活跃期。一次超级大爆发将其变成了一个直径约 15 千米的巨大盆地，并把其北部约 80 平方千米的地区覆盖上了厚达 150 米的火山灰。大爆发后继之而来的多次强度不等的次级喷发造成了一系列大小火山锥的出现。其中卡哇－伊真火山是最年轻的一个，出现于大约 25900 年前。它位于古老的勒金破火山口的南缘上，海拔 2200 米。卡哇－伊真的火山活动十分频繁，从 2002 年到 2008 年人们记录到了它的 10 次火山喷发。

然而卡哇－伊真的秉性比较平和，它的喷发多为规模较小的蒸汽喷发。这一点与同在爪哇岛上的著名默拉皮火山和喀拉喀托火山相比，要逊色的得多。但是卡哇－伊真因其火山口中的硫酸湖而闻名。这个面积约 0.5 平方千米的椭圆形湖泊水深 200 米。它的 3600 万立方米的湖水酸性极强，pH 值在 0.3 以下，据说是地球上酸度最大的湖。这是因为从火山口溢出的气体溶解在湖水中，从而发生化学反应而产生的大量硫酸和盐酸所致。同时还有大量的二氧化硫气体从湖水中溢出，形成有毒的气雾弥漫在湖面上。这气体在空气里冷却后变成硫磺结晶沉积在湖边，形成了天然的硫磺矿床。硫磺是硫盐的一种形式。在工业中，最重要的硫的化合物是硫酸。它是所有工业过程中必不可少的一个原材料。在当地老百姓当中，采集和开发这些硫磺已几十年的历史了。

这是很普通的劳动场景，在二氧化硫的烟雾里，一个普通的挑夫忽略了各种危险，在没有任何保护措施的情况下辛苦地工作着。

我们今天就是要去那里亲眼目睹一下这个赫赫有名的硫酸湖和它的挑夫们。没想到这么早就能碰到他们。我们赶紧收拾起帐篷，跟上他们向火山走去。

与想象中火山的焦土遍野和不毛荒蛮正好相反，山腰上成片种植的咖啡林和其他的热带树丛十分茂密。一路上我们似乎是穿行在热带雨林里。一条有些奇怪的小河在树林里时隐时现。夜幕下我们看不太清它，却清楚地闻到它散发出来的一股刺鼻的气味。挑夫们说，这条河是山上的硫酸湖从火山口的缺口里流下来的。据说多年来人们一直在用这河水浇灌山下的咖啡林。

从火山口喷涌出来的是红色的黏稠液体，气泡连接不断地喷涌而出，这些高温的液体冷却凝固后，就是黄色的块状硫磺。

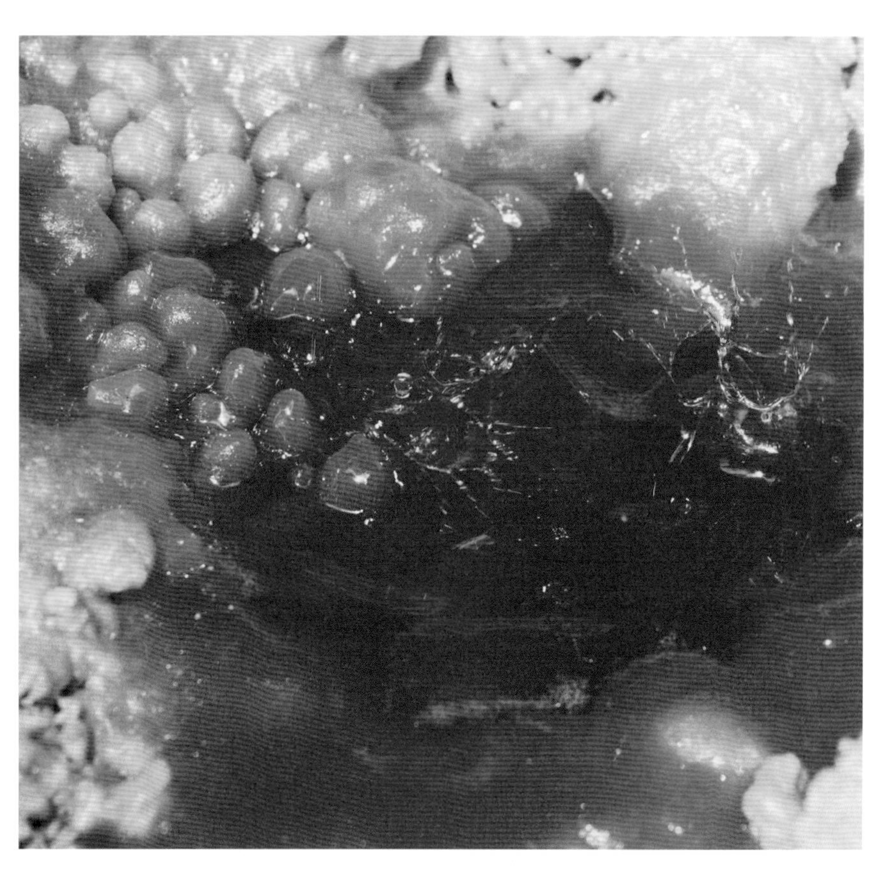

到达山顶时夜幕正在消散。虽然阳光还没有照进火山口里面，但那个著名的湖已经展现在我们的眼前。它的颜色极美，呈不透明的翠绿色，在晨曦里一副静如处子般的安详。谁能想得到这美丽的湖水竟可以在极短的时间里将金属销蚀殆尽。硫酸湖把自己美丽又邪恶的面目掩饰在袅袅的白雾轻纱后面，像是地狱门口的神秘诱惑。鲜艳的明黄色固体硫磺夹杂着血样橙红的液态硫磺与棕褐色的山石和灰白色的化学结晶铺就了凹凸不平的湖畔和狰狞的山石，团团白烟正从那里腾起。站在火山顶向下望去，几个显得很小的人形正在白烟里忙碌着。那是早来的挑夫们在采集硫磺。

山顶上已经有两个来得更早的挑夫挑着担子上来了，正坐在石头上歇脚。其中一个向我们要水喝，我赶紧掏出一瓶矿泉水递了过去。他和善地笑着给了我一小块奇形怪状的硫磺，我接到手里感到它竟然还是热的。这东西看上去就是一个黄澄澄的大盐块。我想开个玩笑，就把它放到嘴边做出要吃它的样子来。那个挑夫笑了："没问题。"他从自己筐里的大硫磺块上顺手掰下来一小块，放到两排被烟草熏黄的牙齿间一下子就咬碎了。看到我目瞪口呆的样子，他高兴地笑了起来。

我们决定下到火山口里面去看个究竟。这段路大概有一两里地的样子，300 多米的高差。开始的一段坡度很陡，看上去足有 50 度。一条人脚踩出来的小道呈"之"字形向下而去。

"要小心，"那个挑夫提醒我们："最好沿着我们踩出来的地方走，这样免得踩上滚石块摔倒了。"小路确实非常难走。据说以前曾经是用骡马来驮运这些硫磺的。但是这种又陡又滑、乱石滚滚的地方连马都走不了，经常要摔倒，后来就全部靠人挑肩扛了。

下去的路上几次与负重上来的挑夫相遇，我们都赶紧让到一边。他们每个人都是一条扁担两个筐，筐里叠放着足有七八十千克的硫磺块。扁担在重压下吱吱作响。挑夫们低着头，一步一步迈着沉重的步子在乱石坡上向上攀登，汗水从他们的眉毛上不停地滴落下来。望望下面冒着毒气泡的硫酸湖，我真为他们捏一把汗。要是万一踩空摔倒了，后果真不堪设想。

在火山顶平坦的地面上，我们曾经好奇地试过挑夫的重担。我就不用说了，就像蚍蜉撼树一样，担子纹丝不动。我们几个人里面托尼是最强壮的一个，他也就只能挑起担子走上十来步。但挑夫们担着这副重担每天两个来回，不仅要在火山口里的陡坡上往上爬，上来后还要再走好几千米的山路才能送到山下的硫磺收购站去。据说他们当中有几个人竟这样走了十来年。

挑夫们劳动的艰辛是一般人难以承受的，更令人难以想象的是他们极为恶劣的劳动条件。这，我们从陡峭的火山口向下走时就开始领教了。越往下走，呛人的硫磺气味就越浓。在火山口底的湖边我想体会一下挑夫们的感觉，试着用正常的方式吸了口气，一下子就呛得眼睛流泪、连声咳嗽。我连忙掏出围巾堵在口鼻上，并赶紧找了个避风的地方躲开飘忽不定的毒烟。再看那些挑夫，他们似乎对此已习以为常，在毒烟的包围中不停地忙碌着。

在硫酸湖畔的一小块平地上安装了数条十几米长的金属管道。它们上端的开口收集从湖面上冒出来的200多度的二氧化硫高温气体。气体在管道里自然冷却成橙红色的液态硫磺。当它从管道的下口流出来的时候进一步冷却成为柠檬黄色的固体硫磺晶体，聚集在管口的附近。挑夫们毫无保护地暴露在汹涌的二氧化硫的烟雾里，他们的手上没有手套，脚上最多就是一双旧胶靴。有些人干脆就赤脚穿双破凉鞋。一根扁担两个箩筐就是他们的全副装备。他们要各自用一个钢钎使劲插进硫磺堆，把它敲碎成较小的块，然后装进自己的筐里挑走。

挑夫们忙碌的身影在烟雾后面时隐时现，他们一阵阵的咳嗽声让我的心都揪了起来。要知道他们在毒气中唯一保护自己的是一块衔在嘴里的毛巾！我不知道这小小的毛

每只背筐里叠放着足有七八十千克的硫磺块，而这对一个挑工来说是再平常不过的事情了。

在一个较大的劳动场景里，挑工各自忙碌着，看上去他们感觉到的希望大于艰苦。

巾怎样能够防止毒气的吸入，但我却好像明白了他们黄黄的牙齿恐怕并不仅仅是烟草的熏染，而很可能是由于二氧化硫气体与口中的唾液相互作用后对牙齿的酸化造成的。强酸可以腐蚀坚硬的牙釉，可那每天五六个小时吸入柔软肺部里的毒气呢?

我面前这个挑夫的两只箩筐里很快就装满了大大小小的硫磺块，他掂了掂重量，又往里塞进去一块。这担子的重量就是他今天能挣到的钱。他们每个人要挑上七八十千克甚至上百千克的硫磺，一步步登上 300 米高的火山口、再跋涉 5 千米的山路才能送到山下的收购站。在那里硫磺按每千克约4美分价钱计算。如果挑夫每天来回挑两趟，共可以挣得七八美元的血汗钱。而这些硫磺将在市场上以3倍的价格售出，作为制造炸药、精制白糖或者参与化妆品的制造。

挑夫装好担子直起身来，看到我正在注视着他，便对我笑了笑。他的眼睛里有疲惫但没有抱怨和悲伤，平静的微笑中甚至还带有一些自豪。我发现很多挑夫们的眼睛中都有这种令人难以置信的乐观目光。

印度尼西亚是世界上人口密度最大的国家之一，爪哇岛又是这个国家人口最密集的地区，平均每平方千米上生活着830人。尽管早年的火山喷发给这里带来了十分肥沃的土壤，农业发达，但如此大的人口密度造成人均可耕地面积很少，就业困难。许多农业人口凭现有的土地难以养家糊口。这是卡哇—伊真火山的硫磺挑夫，这个极危险和极艰辛的行当存在的主要原因。据说一天所挑的硫磺卖的钱是干农活收入的4倍。

目前，约有近200名硫磺挑夫常年在卡哇—伊真火山口劳作，他们所干的工作并不是受雇于哪家企业，没有任何劳资合同，因此也没有谁来对他们的劳动条件负责，更没有听说过各种保险之类的东西。他们劳动的艰苦在当地却是人所共知的，也因此受到敬佩，被认为是最强壮和最无畏的男人。尽管因为极为恶劣的劳动条件，他们的平均寿命还不到50岁，但他们用血汗和生命为家庭子女换来了生活的保障，也许还可以避免子女在将来再走上自己这条道路。

“在村子里找不到事做，但孩子要上学，我也想盖间新房子，再买辆摩托车什么的。这个活儿虽然很累，但挣得不少，总比在家闲着没活儿干要强。”

在被问到是否担心自己的身体健康时，这个挑夫回答说：“对我来说健康是次要的。最重要的是有活儿干和能挣钱养家。”说这话的时候，他站在一大块硫磺上，头上是飘忽不定的烟雾，脚下是血红色的山石，一阵风过来吹开了烟雾，露出他背后绿色的硫酸湖。这个景象有种诡异和邪恶的美。但他却很自豪地笑着，露出他黄黄的牙齿。他的头发和胡须上沾满了灰，就像一只在花丛中辛勤采集花粉的工蜂。

上午 10 点钟，太阳已经高高地升起。火山口里的烟雾也愈发浓厚，让人再难以继续在这里干下去。挑夫们收拾起担子开始向上走。我们也随着返回火山顶。接近山顶时突然身后一声巨响，震得耳朵嗡嗡响。赶紧回头向下望去，只见碧绿的硫酸湖中升起了一个直径几乎有 50 米的巨大气泡。它在水面上爆破，形成一圈好几米高的水波纹向湖畔快速展开。

得赶快离开这里！因为有毒的气体很可能在整个火山口里弥漫开来。挑夫们都加快了脚步。我们也很紧张。后来，我查到在 1976 年、1982 年、1989 年就发生过有毒气体令挑夫窒息死亡的事件，也许这 3 起可查的事件只是冰山的一角。

我们回到火山口山顶上时，浓雾已经把下面的绿湖完全掩盖住了。光秃秃的山脊上散布着一些奇形怪状的树枝，在缕缕的烟云中有点像死人干枯的手臂支棱在那里。这显然也是长年累月有毒气体“熏陶”的结果。然而稍远的山下却是另一番景色：大片大片、郁郁葱葱的咖啡林生机勃勃，肥沃的农田缓缓地铺向远方。

扁担吱扭吱扭的声音渐渐远去了。完成了今天的脚力，挑夫们便可以回到远处村庄的家里。妻子们会像迎接功臣一样为他们送上可口的饭菜，还会为他们按摩疲惫的身躯。而硫磺挑夫们也会在邻居尊敬的问候中，微笑地看着自己即将完工的新屋，盘算着何日去买回那辆向往已久的摩托车。我们怜惜的目光，对他们来说，就是硫酸湖中的一缕轻烟。

与小教堂相比，布拉德盐宫的大厅更有气派，它高大宽敞，四壁华丽亮光，上面有着不同的地质沉积层留下的岩石纹理，像大理石宫殿一样。在这样的地下大厅里，布拉德盐宫开设了儿童活动厅、饭店和酒窖。人们面对几千万年大自然生命的纹脉，品尝美酒佳肴，别有一番风味。

布拉德盐宫还开设了多处地下盐疗室，利用盐矿内的高负离子和高气压的小环境治疗哮喘、气管炎等疾病。前来疗养的人可以在地下盐宫里住上几天到十几天。每天除了在盐疗室休养外，还可以泡热盐泉，在盐宫内的棋牌室打牌或在图书馆读书，在盐厅饭馆就餐，夜里就寝在地下的盐旅馆里。据说这种盐疗的效果十分显著，越来越多的游人即使没有什么病痛也愿意来地下盐疗室休养调整一两天。

哈尔施塔特位于奥地利哈尔施塔特湖畔，是一个被高山和湖水装饰的小城，这里开采盐的历史悠久。至今仍然有一个运作的盐矿供游人参观。

哈尔施塔特盐镇，奥地利的世外桃源

用盐来腌制的肉类是我们日常生活中司空见惯的食物，盐水鸭、火腿、咸鱼、香肠全都是从老祖宗那里流传下来几百年甚至上千年的传统，但是谁听说过腌人？

说起来令人毛骨悚然，1734 年在奥地利中部的一个小镇哈尔施塔特，人们真的发现了一具埋在盐里的腌人。当然这可不是为了吃的，而是像我们常听说过的因雪崩、沙暴等自然灾害造成的意外事故。被埋在盐里的人看上去是一个不知道什

HAUS CIAN
VERLEIH RIEDLER
R - 3

么时代的采盐人。他身上的衣物和简陋的采盐工具虽然让现代人看上去有点奇怪，但却保存完好。不过根据当时的记载，这具干尸，已经被压成扁扁的一片，“几乎与盐石长在了一起。”

“盐里的人”的发现在当时曾经轰动一时，让哈尔施塔特镇的名字受到了关注。但是很多人不知道这个当时隐身在哈尔施塔特湖畔，只有山间小道和湖上的船只才能到达的小镇，竟是人类文明发展史上最悠久的地方。曾孕育过中欧一个强大、富裕、文明的社会。它堪称是人类工业文明的老祖宗。哈尔施塔特的所有这些荣耀都来自于盐。

据考古学发现，早在 7000 年前人类就已经发现在哈尔施塔特湖边的盐山，并且在那里采盐了。后来有组织的采盐活动也有近6000年的历史。公元前 800 ~ 公元前 600 年，由于盐经济创造的财富，哈尔施塔特文化也向外扩张，范围上千千米，曾经是在新铁器时期主导中欧的重要文化。

从 14 世纪初有关哈尔施塔特制盐业的正式文字记载上，人们可以看到当时从采盐的技术、方法、规则、

哈尔施塔特的民居建筑基本都是漂亮的木结构房屋，因此这里的居民喜欢把这个小镇称作“木头镇”。处于湖边的人家还在临岸的水中建有木船屋。

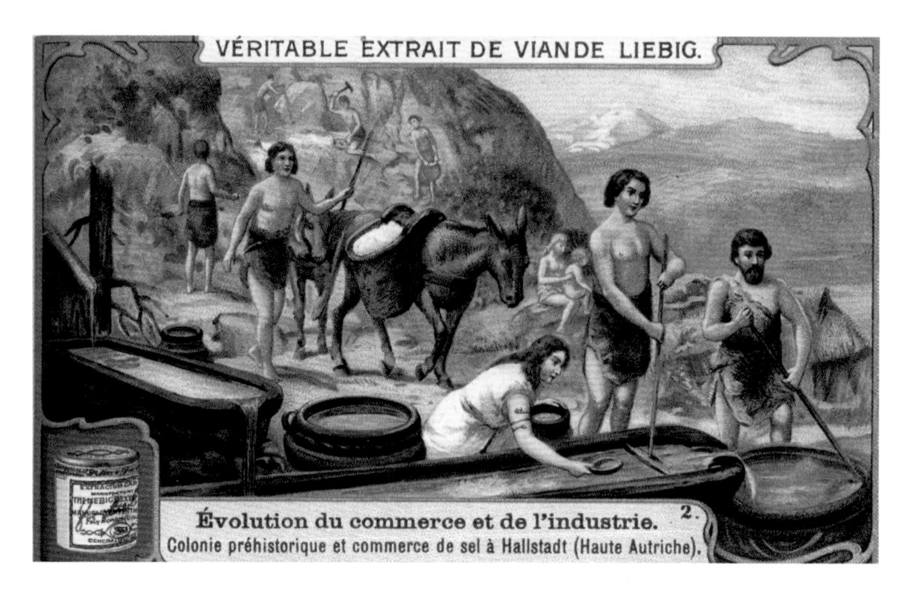

这幅图画反映出有组织的采盐活动早在原始社会就已经发展起来了，他们分工明确，秩序井然。

设备和人力组织等方面的详细记录。可以说它已经成为欧洲先工业时代的一个人类工业活动的样本。

哈尔施塔特盐矿位于小镇背后的山上，传统上采用的是水溶法采掘。在盐山上挖出的洞穴中灌注进水，让岩石中的盐分溶解在水里再把盐水抽出。通过蒸发使盐析出来。蒸发盐水的具体方法是在大锅里不断煮沸盐水，将其中75%的水分蒸发掉，同时把析出的盐结晶取出，经过进一步晾晒而最后制成盐。

16世纪末，中欧对盐的需求量增加，采盐量增加。但是因为在哈尔施塔特附近缺少树木，难以满足煮盐水所需要的木头，因此，只能把从山头采集到的卤水输送到几十千米以外的森林茂密的埃本塞处理。为此在1595～1607年，哈尔施塔特人用13000根树木制成有一根根四五米长的木槽，再把它们连接起来做成输水渠道。这条管路翻山跨河一路把卤水送到远方的处理厂。400多年前的这条巨大的木制卤水输送管，是人类历史上最古老也是规模最大的输送管道，它的使用一直延续到 20 世纪末。

从表面上看，哈尔施塔特镇只是一个依山傍湖、风景秀丽的小镇，如同世外桃源一般静静地坐落在湖畔。很难想象在这里经历了青铜时代、古希腊、凯尔特人、古罗马、中世纪直到现代的悠久的采盐工业历史。它曾经主导了中欧几百年的灿烂文化。哈尔施塔特因其美丽的自然风光、悠久的历史文化和古老的采盐史，在 1997 年被联合国列入了世界文化和自然遗产名录。

现在哈尔施塔特古老的采盐业已经被旅游业所代替。1795 年的一场大火全部烧毁了当时的“盐镇”。从那以后重建的所有建筑以及哈尔施塔特的小镇格局被完好地保持至今。在湖畔狭小的地面上，几十座奥地利民族风格的木头建筑几乎是贴着山崖紧紧地挨在一起，与这背后郁郁葱葱的山峦一起在清澈的湖水里反射出图画般美丽的倒影。游人可以乘缆车登上小镇后面的山顶。那里曾经是古老的采盐场。以那里为起点，人们沿古老的卤水管曾经经过的沿线一路下山，边观赏脚下的湖光山色，边回顾哈尔施塔特悠久的历史和采盐文化，也许还会有机会发现另一个“盐里的人”呢。

在奥地利海尔施塔特地区出土的公元前 200 ~公元 1400 年的采盐工具。

盐矿
与德国美丽的石楠花草原

在巴基斯坦，是亚历山大大帝的战马发现了著名的科瓦尔盐矿。无独有偶，在德国的吕讷堡，是一头野猪帮助人们发现了吕讷堡盐矿，让这个普通的小村庄一举成为德国北部在中世纪数百年间的首富之城。

传说在800多年前，一个猎人发现了一头陷在泥沼里的野猪。他没费什么劲就把野猪抓住了。猪肉被吃掉了，扒下来的猪皮被挂在树上晾晒，谁知道猪皮被太阳晒干以后，本来黑乎乎的猪毛竟变成了雪白。原来那上面黏满了野猪在泥沼里打滚儿时的泥浆。而泥浆中溶解了很浓的盐分。猎人到野猪打滚儿的泥沼去看个究竟，于是一个产量非常高的盐矿就这样诞生了。

现在的人们很难想象几百年前盐在古人生活中的珍贵。许多地方称它为“白色的金子”。这在中世纪的欧洲尤其如此。那时候生活中没有食品冷藏技术，对食物特别是供应人类必

吕讷堡石楠花草原是这里人们开采盐矿的结果——一两千年前，人类开采和炼制盐，森林一点点被砍伐掉了，留下了一片低矮灌木——石楠花。

须的蛋白质的肉类唯一的保存方法就是用盐腌起来。这就需要大量的盐。而且在中世纪的天主教欧洲四旬节期间，人们必须遵守禁欲，其内容之一就是在6个星期里不能食用肉类。

在一个相当长的时间里不吃肉，人体得不到所需的蛋白质的供应，会对身体造成损害。幸好鱼肉并不在禁忌之列。因此鱼就成了中世纪欧洲人生活中主要的蛋白质来源。但是鱼类保鲜的唯一方法也只能是用盐腌渍。

在欧洲北部的波罗的海地区，腌制的鲱鱼是人们食物里最常见的食品。生产咸鱼需要相当大量的盐。因此吕讷堡盐矿的发现对当时的欧洲北部有着重要的意义，从12世纪开始吕讷堡盐矿已具规模。它以一个卤水井为中心，四周全部用高高的围墙围起来。围墙上有高塔，只有一道门可以进入，如同一座戒备森严的军事要塞。盐在当时至关重要的地位由此可见一斑。

在盐场的内部，围绕着卤水井修建有50多间熬盐作坊。里面各有4个蒸发锅。它们都是3米见方的平底浅铁池子，在下面修有土灶烧炭火煮卤水制盐。盐场的熬盐作坊的主

吕讷堡盐矿蓬勃发展时期的状况，从这张图片中就能有深刻的体会，建筑的规模和考究的程度都非同一般，可见当时的制盐业给这里带来的财富是可观的。

人除了一些贵族外，主要都是教会里的神职人员。他们把作坊出租或者直接雇用工人生产。

吕讷堡盐场生产的盐通过陆路和水陆运送到当时德国北部最大的港口吕北克。从那里装船运送到丹麦、瑞典、挪威等地，并且供应德国北部地区。在当时吕讷堡几乎垄断了欧洲北部的全部制盐业。

这幅油画描绘了当时人们制盐的场面，制盐业曾经是吕讷堡的主要经济活动。

在中世纪的欧洲，制盐业曾经在很长时期里是一种暴利行业。而城市也对制盐业收取极高的盐税。吕讷堡城对盐矿拥有者的征税从10％的盐税开始，很快税率提高到25％，进而竟高达50％。为此在15世纪中期引发了有名的“盐税之争”。

吕讷堡盐矿的生产摧生了德国著名的“老盐路”。这是一条从吕讷堡跨过易北河，再经过默尔恩最后到达吕北克港口的马车道。它经过森林、草原，一路上经常会遇到土匪强盗的打劫。常常在最后到达目的地时，宝贵的“白色金子”已经是所剩无几了。因此在1398年，人们不得不为贩盐修筑了欧洲第一条人工运河——斯特克尼兹运河。它不仅保证了运输的安全，而且大大提高了运输效益。

吕讷堡这个经营了800年的老盐矿为它的城市带来了显赫的财富，也在不知不觉当中带来了灾难。从19世纪初开始，吕讷堡市的居民发现老城的一些地段出现了奇怪的现象。在曾经是老盐矿的中心地带，地面不断沉陷。十几年的时间竟沉陷了好几米。本来平展展的一条马路现在成了一个大下坡。而在马路尽头的那块凹地里的房子的房顶制盐和运盐，特别是高盐税催生的暴利让城市兴旺，商业发达，使吕讷堡成为中世纪欧洲最繁荣的城市之一。

几乎与自己的脚下地面平齐了。

原来在吕讷堡，地下的盐层非常浅。经过多年的开采，特别是在19世纪随着现代化工业的发展和开采技术的提高，使采盐的效率和规模也大大提高了。超量的开采造成了地下的空洞，从而让地面开始沉陷。这种沉陷造成该地区的房屋歪斜不稳，形成安全隐患。因此人们不得不拆除掉了好几座歪斜的老教堂和民居。这个问题也成了吕讷堡盐矿在1980年最后关闭的原因之一。

除了老城的沉陷区外，盐矿还为吕讷堡留下了另一个让人不知是喜是忧的遗产——吕讷堡石楠花草原。这是一个美丽的名字，实际上的景色也很美。它位于吕讷堡城的南部，方圆7400平方千米，是德国中北部十分著名的风景区。草原地带包括了汉堡、汉若威和不莱梅等几个德国的主要城市。它是一大片地势平缓起伏的草原地带，有小河溪流穿过。植被几乎全部是石楠花，有一些小片的森林点缀在草原上。石楠花是一种低矮的灌木丛。在春夏的花季里，石楠花的怒放让草原变成了一望无际的粉红色海洋。花海和一座座小农庄组成的田园风光吸引了大量的游人，使吕讷堡成为了德国北部的旅游胜地。

然而据历史记载在一两千年前，这片辽阔的草原曾经覆盖着茂密的森林。在后来的千百年人类的开垦活动下，森林一点点被砍伐掉了。其中最为重要的显然是吕讷堡盐矿制盐生产所消耗掉的木材。在数百年的用煮沸卤水蒸发制盐的过程中，木材是唯一的燃料。因此有数不清的树木被砍伐，在熬盐锅下化作了灰烬。

人类对生命攸关的“白色金子”的索求彻底改变了大自然的面貌，把森林变成了草原。大自然被强行脱去了绿色的衣衫换上了粉色的花袄，哪一个更美呢？

当采盐业逐渐退出商业的舞台时，人们已经爱上了这个小城，于是人们把它变成了一个旅游小镇。

法国艾格莫尔特海盐场，罗纳河三角洲的馈赠

从阿尔卑斯山一路向南奔流的欧洲第三大河罗纳河，穿过了法国大部分国土终于来到了地中海，在它即将入海的时候，分叉为大小罗纳两个支流。千万年携带而来的泥沙留在了入海口的附近，形成了西欧最大的三角洲——罗纳河三角洲。

罗纳河三角洲肥沃的土壤哺育了极为丰富的动植物和禽鸟，其中最为著名的是卡玛格骏马。它们在三角洲的湿地上自由自在地驰骋，长长的白色马鬃随风飘逸，是罗纳河三角洲驰名天下的精灵。

在这片富饶的土地上也有着历史悠久的城镇、美丽的牧场、稻浪翻滚的田野和翠绿的葡萄园以及法国第二大的海盐场——艾格莫尔特海盐场。在法语里艾格莫尔特是“死水”的意思，这是一个不太漂亮的名字。也正因此，来到这座小城的游人更会感觉眼前一亮，被这座中世纪古城出乎意

艾格莫尔特是法国地中海沿岸的港口，这个古老的城市保留了古老的城墙、塔堡，在一片碧波之上，水鸟自在地飞翔。艾格莫尔特距离古城不到1千米。

料的气势和它四周壮阔的自然风光所陶醉。

艾格莫尔特在 2000 年前就已经有人类居住了。1240 年法国国王路易九世在这里建起了法兰西在地中海的第一个港口。它曾经是两次十字军东征的出发点。城中至今完好保留着有七八百年历史的著名塔堡和城墙。在古城外不到 1 千米就是大名鼎鼎的海盐场。

这是一片一望无边的盐滩，面积比巴黎城还要大。从古罗马时期起人们就开始在这里晒盐。现在它是世界驰名商标“海豚牌”海盐的出产地。每年一开春，地中海的海水开始被引入盐场 1 万多公顷的盐池中。海水经过一道道的引渠和堤坝充满每一个晒盐池。当日照变长，阳光变得越来越强时海水开始了蒸发。到了 7 月，盐池中的海水变成了粉红色，这是因为随着海水含盐度的升高，大量的嗜盐藻类繁殖生长。它们体内的红色胡萝卜素一点点改变了池水的颜色。

当美丽的粉红色变浓的时候，也是水里的盐分析出的时候。最早出现的是飘浮在水面上的盐结晶团。它们就像一朵朵洁白晶莹的小花，一团团、一簇簇地从盐水里冒了出来。盐花不仅美丽，更重要的它们是食盐中的精品。它们尚没有重到沉落池底，因此没有受到其他的污染，保持了盐的纯洁之身。据说盐花的风味独特，有一种大海的气息，因此是餐桌上的上等调味品。欧洲的海盐场出产的盐花有两种最有名气。一种产自法国的艾格莫尔特，另一种产自西班牙。它们只用在凉菜沙拉和其他冷盘上面的点缀。几粒艾格莫尔特海盐花可以让一道菜的身价不凡。

采盐花也是一种不同于一般采盐的方法，全部都是手工操作，要赶在盐花尚未沉底以前把它们捞起来。因此盐花的价格不菲。近年来海盐花越来越受到厨师们的宠爱。欧洲的一些名厨纷纷推出自己的盐花特色佳肴，让海盐花成了食盐中的奢侈品。

盐池里的盐花很快越聚越大，沉积在池底逐渐加厚变成了一层厚厚的盐壳，这时候真正的收获开始了。

在艾格莫尔特海盐场采用机械化采盐。盐场的终端盐池是收获的地方。这种盐池的面积很大，在池边的堤坝上有自动传送带。采盐机在放干了水的盐池里把池底的盐壳压碎，把它收集起来送到传送带上运走。

由于艾格莫尔特古城悠久的历史和文化以及它所处的罗纳河三角洲独特的自然风光，这里是法国著名的旅游胜地。古城外同样历史悠久的海盐场也是艾格莫尔特的一张名牌。参观盐场是去艾格莫尔特旅游的一个重要内容。现在有专门的观光小火车送游人穿行在盐场的盐池中间。身旁是姹紫嫣红的盐池，远方是蔚蓝色的大海。艾格莫尔特城古老的教堂和城堡俯瞰着这片有千年历史的大盐滩，在不远的堤坝上采集上来的雪白的海盐高高地堆成了小山。

在姹紫嫣红的盐池边，堤坝上采集上来的雪白的海盐高高地堆成了小山，远远看去像白色的小岛。

维利奇卡盐矿，波兰地下盐雕艺术宫

采盐，是人类历史上最古老的采矿业。在世界各地有许多经营了数百年的盐矿，从这些盐矿开采出来的盐要以百万吨甚至上亿吨来计算。可是自然资源总有采尽的时候。当盐矿枯竭、只剩下了空空如也的老盐洞以后，百年老矿们开始寻找新的出路。于是近年来一座又一座由老盐矿改造而成的地下盐宫作为旅游开发项目向公众开放。奇妙的盐建筑和艺术盐雕助盐转换了角色，从纯粹的经济活动登上了艺术的殿堂。而在五花八门各显奇能的地下盐宫中，波兰维利奇卡盐宫独占鳌头，堪称世界上规模最大、盐艺术品最丰富、历史最悠久的地下盐矿艺术宫。

维利奇卡盐矿是一座具有 300 多年历史的老盐矿，从 13 世纪起就从未间断地生产食用盐，直到 2007 年生产完全停止。它的矿道深达地下 300 多米，总长达 300 千米，是欧洲经营历

富丽堂皇的地下宫殿在黄色灯光的映照下，更显得金碧辉煌，当初那些在这里采盐的工人们不会想到，他们的劳动除了为他人奉献了食盐，还为后人奉献了一座艺术宫殿。

1760年波兰国王请德国画家描绘的维利奇卡盐矿的开采情景。

史最长的盐矿。不过，每年为维利奇卡盐矿慕名而来的100多万世界各地的游人，最主要的观光目的并不是盐矿的生产，而是它地下令人叹为观止的盐宫。

几乎是从维利奇卡盐矿开始运行的时代开始，终日在不见天日的井下劳作的盐工们，就用双手一点点地把一座永不见天亮的黑暗地下矿井变成了一座晶莹华丽的地下艺术宫殿。当然，当年为生存而卖命的盐工们，建筑这座盐宫并不是出于闲情逸致的艺术灵感，而只是单纯地祈求神明的保护，不要让地下无边的黑暗把自己吞没。因此，矿工们最先在矿道里的岩壁上凿出的是简陋的祈祷室和盐矿保护者圣金加拙朴的塑像。

关于维利奇卡盐矿的保护者圣金加流传着一个故事，金加是匈牙利国王贝拉四世的女儿，她被许配给波兰克拉科夫王子。金加公主请求父亲送给自己一盏盐晶灯作为嫁妆。因为盐在那时是与金子一样贵重的东西。为了找到一盏合意的盐灯，国王带着金加公主来到匈牙利有名的玛拉莫勒斯盐矿。在离开家乡去波兰之前，金加公主把一枚订婚戒指投进了玛拉莫勒斯盐矿深深的矿井里。

嫁到克拉科夫以后，金加公主命令波兰的矿工们挖一口新的盐矿矿井。挖掘时矿工们碰到了坚硬的岩石。在岩石上他们发现了一盏美丽的盐灯。打开盐灯时，奇迹出现了，人们看到了金加公主在家乡丢下的戒指，从此圣金加被尊为波兰克拉科夫地区盐矿和盐工们的保护者。

从19世纪起，维利奇卡盐矿的井下开始了以艺术装饰为目的的盐雕创作。几盏用盐晶雕制的精美华丽的吊灯从此安装在高大的盐厅的穹顶上，成为维利奇卡盐宫最具特色的装饰物。在19世纪初修建的圣金加教堂是地下盐宫的核心，它长50米，

从很早的时期起，维利奇卡盐矿就是当地的经济基础。最初，盐是像这样通过聚集盐卤水并加热蒸发制得的，可见盐是多么金贵的物品。在古代波兰的地区，盐可以作为一种支付手段代替货币。

宽15米，高12米。四壁上有多幅盐浮雕。圣经中“最后的晚餐”的人物浮雕栩栩如生，堪称盐雕艺术的一绝。

200多年的时间里，井下盐艺术创造逐渐成了维利奇卡盐工们的一个传统。不断有新的雕像、浮雕、盐晶装饰物添加进地下盐宫里。开凿在巷道的岩石壁上的圣坛神龛、讲经台、圣像和各种历史人物雕塑和至少12座真人大小的雕像立在盐宫的各处。盐宫的盐博物馆展出了几百年来传统的采盐工具和设备，用人物雕像讲述当年盐工们的劳动场面。

维利奇卡的地下盐宫在19世纪中期就已经对外向游人开放。在现代，这座盐宫的名气越来越大。一些当代的艺术家也慕名来这里进行艺术创作或者捐献自己的作品，使

维利奇卡盐宫的内容丰富多彩。

在地下盐宫里还有一个地下盐湖。长长的木头走廊围绕着绿幽幽的盐湖，头顶不远的地方是巷道顶和长年累月形成的倒挂的盐钟乳石。尽管有灯光照明，幽暗的洞穴里仍然显得神秘莫测，仿佛回到了几百年前。

1978 年，维利奇卡盐矿的地下盐宫被联合国列入了世界文化遗产名录，将它誉为中世纪劳动艺术的宝贵结晶。自从盐宫对外开放以来，每年要接待来自世界各地的 120 万游人，包括前教皇保罗二世和美国前总统比尔・克林顿在内的许多世界名人也曾专程到这里参观。盐宫还成为了不少电影、小说的背景。

维利奇卡的地下盐宫的艺术魅力不单单吸引游人，也吸引了很多艺术家前来献艺，华丽的音乐会也是这里的重头戏之一。

伯克尼亚盐矿，波兰最悠久的盐矿

波兰维利奇卡盐矿里丰富多彩的盐雕艺术品让它变成了一座地地道道的艺术宫。但人们在赞美感叹的同时，往往会忽视了盐矿本身在经济上的价值以及波兰悠久的盐业开采历史。很多人不知道在维利奇卡盐矿被联合国列入人类文化遗产名录的同时，它的姊妹盐矿——伯克尼亚盐矿也与维利奇卡盐矿并驾齐驱地荣登这一荣誉宝座。

伯克尼亚盐矿与维利奇卡盐矿同属喀尔巴阡山盐脉，开采石盐的历史与维利奇卡盐矿一样悠久。在公元 12 世纪就已经有人在这里开采卤水井制盐了。13 世纪中期，盐工们在深挖一口已经开采了 100 多年的卤水井时发现了大面积的石盐层。伯克尼亚石盐矿从 1251 年开始系统开采，得到了皇家各种开采优惠政策，很快发展成为波兰当时最大的经济支柱。

在中世纪的欧洲，盐矿开采的价

伯克尼业盐矿在宗教、文化、建筑艺术层面上的价值丝毫不逊色于维利奇卡盐矿，那些大大小小的教堂，用盐雕的祭坛和各种神像装饰起来，每年圣诞平安夜，很多人赶到这里来参加盛大的弥撒。

值相当于金矿，是国家的经济命脉。经过几百年的开采，伯克尼亚盐矿带来的财富不仅在本地的繁荣上做出了重大的贡献，而且为波兰皇家积累了雄厚的财富。

在18世纪，伯克尼亚盐矿与维利奇卡盐矿一道组成了欧洲最大的工业生产集团祖皮可拉克斯基。不论是在产量上还是矿工人数上，祖皮可拉克斯基都称雄一方天下。这个集团的运作一直延续到20世纪，在欧洲工业发展史上具有重要的一页。

伯克尼亚盐矿全长4.5千米，在地下近500米深，共有16层开采面。迷宫一样的巷道，盐井、盐洞堪称一座地下城堡。它不仅是欧洲最古老和规模最大的盐矿，而且它的开采历史也是最长的。1978年当维利奇卡盐矿的正式生产完结，以地下盐宫的另一种面貌登入联合国人类文化遗产名录时，伯克尼亚盐矿仍在继续开采。直到20世纪末它才逐渐关闭，部分经改造后对游人开放。从1248年开始生产，伯克尼亚盐矿持续开采了750年之久。

在联合国人类文化遗产评估结论上，认为伯克尼亚盐矿是对维利奇卡盐矿在波兰采盐历史传统、采掘工艺和技术、矿山的组织和经营与喀尔巴阡山盐脉生成的地质特点等方面都是很好的补充，这两座大盐矿一起给予了我们一个古代和近代欧洲工业和经济活动的完整图画。

作为人类文化遗产，伯克尼业盐矿在宗教、文化和建筑艺术层面上的价值也不逊色于维利奇卡盐矿，在它井下的盐岩中开凿出的大大小小的盐厅和教堂当中，有始建于1747年的圣金卡教堂，它的全部厅堂包括祈祷室、冥思洞、伯利恒洞、唱诗台、讲经台等，都是从地上岩石中挖凿出来的。在这座大教堂里，还有许多盐雕的祭坛和各种神像，每年圣诞平安夜，大教堂里都要举行盛大的弥撒。

另一个建于18世纪的盐洞教堂耶稣受难堂的盐雕都是

单色的巴洛克风格，具有很高的美学价值。

除了宗教建筑，伯克尼亚盐矿里还有一些采空后的大厅。位于整个盐矿心脏位置的瓦兹音大厅空旷高大，有 280 米长，高达数层楼。大厅的四壁和地面是有着十分美丽的大理石纹脉的盐岩。光滑的墙面和地面在灯光的映射下显得既高贵又华丽。这些岩壁上还可以见到几百万年前的中新纪植物的化石。

20 世纪末，在伯克尼亚盐矿的资源采尽，生产结束以后，它的最古老和最有意思的部分被保存下来，经过修整和改建对大众开放旅游，瓦兹音大厅被改造成了宽敞的娱乐和会议大厅，在另一些空置的盐厅和盐洞里开辟成有 100 多张床位的地下盐疗院，在富含钠离子的局部微环境中，一些呼吸道疾病患者收到了十分明显的治疗效果。

伯克尼亚盐矿，这座欧洲历史上最悠久的石盐矿在 750 岁退休以后又焕发出了另一种青春，继续着过去的辉煌。

在盐矿的井下，人们用模型逼真地再现了当年盐工的艰苦劳动场景。

布拉德盐矿，罗马尼亚宝藏

罗马尼亚中部的特兰西瓦尼亚盆地自古以来就被称为“大盐库”。这里在 1300 万年前是一片浅海，沉积的海底盐层厚度有几百至上千米。从公元前 200 年起古罗马人就在特兰西尼亚地区开始采盐。后来的 2000 多年，盐矿开采持续不断，带来的财富和税收使当地富甲一方。这里一个又一个的盐矿不仅在罗马尼亚，还在欧洲赫赫有名。

经过千百年的开采，现在不少老盐矿都已经关闭了。在深深的地下留下了大量采空的矿井和盐厅。为此当地有关部门纷纷把老矿井加以改造，转作旅游娱乐和疗养之用。

位于特兰西瓦尼亚西部的老盐矿布拉德就是其中之一。布拉德盐矿实际上是一座海拔 567 米的盐山，据说它的地下沉积盐层有 2000 米厚，盐蕴藏量达 30 亿吨。这个古罗马时期

尽管布拉德盐宫的大厅很有气派，它高大宽敞、四壁华丽亮光、像大理石宫殿一样庄严，但这些都阻止不了它充满了人情味和生活的气息——很多人到这里来疗养和休息。

开始的老盐矿在20世纪末关闭以后，成了一个名气越来越大的休闲和娱乐中心。深受罗马尼亚人的欢迎，每天可以接待两三千名游客。

像欧洲不少古老的盐矿一样，布拉德盐矿的井里也有自己的盐宫小教堂。虽然这个教堂的规模比波兰的维利奇卡盐大教堂要小很多，但其内部的陈设一应俱全。祭坛、讲台、祈祷室和精美的宗教雕塑不比一般的教堂逊色。许多信徒看中了这个地下小教堂的简朴和安静，专程来这里朝拜。

与小教堂相比，布拉德盐宫的大厅更有气派，它高大宽敞，四壁华丽亮光，上面有着不同的地质沉积层留下的岩石纹理，像大理石宫殿一样。在这样的地下大厅里，布拉德盐宫开设了儿童活动厅、饭店和酒窖。人们面对几千万年大自然生命的纹脉，品尝美酒佳肴，别有一番风味。

布拉德盐宫还开设了多处地下盐疗室，利用盐矿内的高负离子和高气压的小环境治疗哮喘、气管炎等疾病。前来疗养的人可以在地下盐宫里住上几天到十几天。每天除了在盐疗室休养外，还可以泡热盐泉，在盐宫内的棋牌室打牌或在图书馆读书，在盐厅饭馆就餐，夜里就寝在地下的盐旅馆里。据说这种盐疗的效果十分显著，越来越多的游人即使没有什么病痛也愿意来地下盐疗室休养调整一两天。

位于罗马尼亚盐带的老盐矿各有各的吸引游客的特点和高招。布拉德西面不远的另一个老盐矿托尔达盐矿最自豪的是它的地下盐湖。它是一个由废弃的老盐井积水成湖的小盐湖。一湖绿莹莹的盐水在完全封闭的盐矿里显得非常幽闭和神秘。盐矿专门在湖畔修建了一个小码头，游人可以租一只小船在绿色的盐湖里荡舟，体验在300多米的地底下划船的乐趣。

在布拉德盐矿南方的布拉霍瓦盐矿，是罗马尼亚著名的温泉疗养地。与地下盐矿并存的还有许多天然温泉和地表的热湖。因此，布拉霍瓦盐疗院把地下盐宫与地上的盐湖与温泉相结合，开发出盐离子气疗，盐水浴和温泉浴、盐泥浴等疗养项目。

布拉霍瓦地下盐宫的大厅非常高大、宽敞。在里面每年都要举行罗马尼亚室内航模大赛。在它的 45 米高的多角形穹顶和多边形的四壁上，可以清楚地看到在 400 多年的开采过程中一层层的开凿纹，就像树木一圈圈的年轮，记录着这个古老盐矿的悠久历史。

从地下盐宫的上部向下看，人小如蚁，可见盐宫空间的高度十分可观，靠感官可以获得更直接的体验。

大风车，西西里岛海盐场的独有景观

地中海的夏季，强烈的阳光照耀着位于意大利西西里岛最西端的特拉帕尼城。从南面非洲大陆撒哈拉沙漠吹来的热风又干又燥。辽阔的浅海滩平坦寂静。这里是一片天时地利条件俱佳的海盐场。

从公元前 2700 多年开始，腓尼基人就在这里采盐了。他们传下来的采盐技术至今仍被特拉帕尼的盐工使用着。

从古城特拉帕尼出发，沿着一条被誉为“盐路”的小道向南面的马尔萨拉城走去。西西里岛上最大的盐场的斯塔农盐池一直在身边连绵不断。已经变成粉红色的大片盐池平展展地铺向海边。池坝上一个个小盐堆排成一溜，在骄阳下闪着耀眼的白光。在经典的海边盐场的景色中，西西里盐场特有的大风车一座挨一座地矗立在盐池中间。

虽然特拉帕尼附近的海滩水浅滩平，是晒盐的好地方，但是却有一个不太理

西西里盐场内一个个变成粉红色的斯塔农盐池平展展地铺向海边，池坝上一个个小盐堆连成一排，从撒哈拉吹来的风吹动着这里特有的大风车。

想的地方——这里的潮汐比较弱，海水比较难回灌到离海边较远的盐池。于是人们在盐池之间建起了许多风车，用强劲的海风做动力，克服潮汐的不足，人为助海水充灌更靠内陆的盐池。

特拉帕尼盐场的大风车看上去与荷兰低地的大风车很相像。它们有一个白色的圆柱塔身，一个尖锥形的屋顶像给圆柱带上了一顶小红帽子。在小红帽的一侧安装着有 6 个叶片的大风车。风车由安装在内部的复杂的齿轮系统带动旋转。它的叶片可以根据风向的改变而调整朝向，以便提高效率。在海风的推动下，大风车最高转速达到每小时 20 千米，产生 120 马力的动能，用来推动磨房内的盐磨，把采集上来的盐块碾成细细的盐粒。在需要时，风车还可以根据阿基米德螺旋水泵的原理把盐水从一个盐池抽转到另一个去。

三四百年以前，大风车是这里的海盐场唯一的机械动力。现在，现代机械化生产已经代替了大风车的角色。为了让古老的采盐传统留传下去，让子孙后代了解祖先的生活，当地的两位老盐工做了很多努力，修复了一个有 300 年历史的典型的大风车。他们不但让它恢复了运转，还在旁边建立了一座小型盐博物馆。在博物馆里，人们可以看到过去各个年代不同的采盐工具和使用的采盐技术，还可以观赏到复杂的风车系统是如何运作的。

在盐博物馆的外面两侧是两个非常大的盐池。一条渠沟把海水送进盐池里。然后靠大风车把初级盐池里的海水送到下级盐池。在那里，海水与上次收获以后遗留下来的盐垢相混合，以便加速盐水的浓缩。混合后的盐水再送到下一个盐池继续浓缩。经过三到四次转池后，盐水的含盐度大大提高，盐池开始呈现粉红色。在最后一个收获池里盐解析出来，结成厚厚的盐壳等待收获。

盐被采上来以后并不急着装袋，它被晾在池坝上堆成一个个小盐堆。原盐经过雨水的冲洗变得更洁净以后堆成更大的长盐堆，在上面盖上所谓的“罗马瓦”防止大雨的冲刷。这是典型的意大利乡村房舍屋顶用的红瓦，它们像屋顶一样呈“人”字型盖在雪白的盐堆上，是西西里岛海盐场除了大风车外另一大独有景观。

在特拉帕尼海盐场开采的2000多年时间里，它经历了无数次的天灾人祸和一次又一次的朝代更迭，大海一如既往地奉献给西西里人以丰厚的财富。19世纪末，特拉帕尼海盐场的产盐量达到了历史最高峰，年产量10万吨。盐被运送到欧洲各地，远至挪威和俄罗斯。特拉帕尼的海盐中含有丰富的钾和镁，但是氯化钠的含量相对较低，因此具有十分独特的风味，很适合海鲜类的烹制。

20世纪末以后，因市场的变化，特拉帕尼的海盐生产下降了很多，盐场有相当部分转为旅游开发。西西里岛悠久的历史、丰富的文化传统和特拉帕尼海盐场的独特景观是当地旅游业发展的重要内容。“特拉帕尼盐路”成了西西里岛的一个特色旅游项目。

在盐场里的小型盐博物馆里，陈列着过去各个年代不同的采盐工具和使用的采盐技术，还能为参观者展示复杂的风车系统是如何运作的。小博物馆陈设简单，却充满了情感。

在以后的几天里，他们在没有食物和淡水的条件下在大漠里跋涉，几乎陷入绝境。后来他们终于遇到了厄里特利亚的另一些武装人员，他们给了他一点淡水和食物，却把他的骆驼全部掠走，把他一个人扔在了荒漠里。这个九死一生的赶驼人捡回了命，却失去了赖以生活的工具——骆驼。为了生计，他现在又只好用毛驴来驮盐。我看到那些可怜的毛驴，在回程上山时被背上的盐块压得四腿发抖，十分艰难。

正午的时候，盐滩上的气温达到了 40℃以上。一支骆驼队踏上了归程。在炎炎烈日下、在地面腾起的热浪里，它们很快变成了海市蜃楼般浮动在半空中的幻影。在这海平面以下 100 多米的炽热凹地中，他们的目的地——海拔 2300 米、凉爽湿润的埃塞俄比亚高地是那样的遥不可及。然而，赶驼人和他的骆驼们不慌不忙地一步一步地走着，日复一日、年复一年。

纳特龙湖，东非大裂谷的赤湖

东非大裂谷是地壳运动时把非洲大陆从欧亚大陆撕裂开时留下的巨大伤疤。在这条长达近 7000 千米的大伤疤上有许多大大小小的湖泊。其中有碧波荡漾的非洲最著名的淡水湖之一的马拉维湖，也有赤水奇艳的盐湖纳特龙湖。如果说马拉维湖是东非大地上的一颗明珠，纳特龙湖就是这上面的一块红玛瑙。

纳特龙湖位于坦桑尼亚北部与肯尼亚接壤的地方，是一个面积不断变化的浅湖，平均深度不到 3 米。除了几处地表温泉外，埃瓦索尼罗河是灌注纳特龙湖的唯一河流。每年雨季过后，大量河水涌入纳特龙湖，使湖面迅速扩展。但旱季到来后，补充的淡水大大减少。高温干热加速了湖水的蒸发。这使得水中的含盐度不断增加。湖水中所含的碳酸钠浓度升高，水的 pH 值可达到 10.5。与氨水的 pH 值相同。因此纳特龙湖是一个高碱性的盐湖。

在这样一个碱性盐湖中，连湖边淤泥的温度都高达 50℃。鱼类是不能生存的，却有大量的嗜碱藻类在湖

纳特龙湖在坦桑尼亚和肯尼亚的边界地带，是一个盐碱湖，湖中盐泥的温度可达 50℃，其 pH 值最高可达 10 左右。

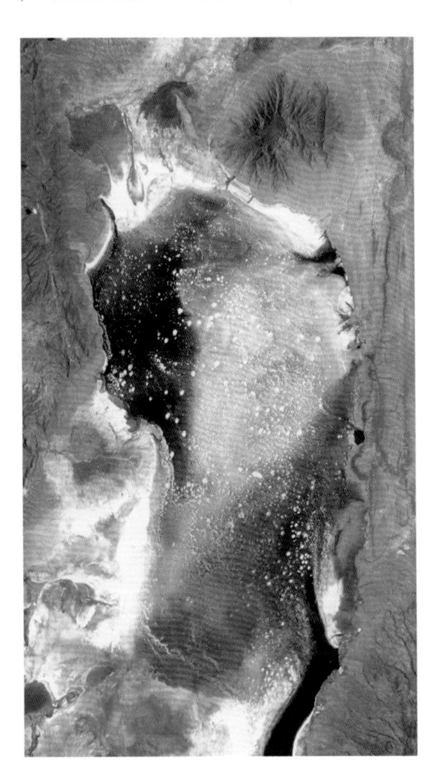

水里生长。这些藻类靠光合作用转化的能量生存。湖水的盐度越高，这些藻类越茂盛。而藻类体内所含的红色胡萝卜素把湖水变得越来越红。纳特龙湖就成了一个奇异的赤水湖。

纳特龙湖红色的深浅取决于藻类的生长密度。在湖中心湖水较深的地方红色更浓最深。而在湖边水浅的部分，水会呈现出橙色。在湖的北部湖面上结晶出一层厚厚的盐壳。由于盐壳上生长的藻类微生物，使本来洁白无瑕的盐壳也变成了粉红色。在国际航天站上的宇航员所拍摄的纳特龙湖的图片上，根据季节和气候的不同，纳特龙湖的面积、形状和颜色总是不断地变化。

在湖水的颜色最为明艳的时候，是水中的藻类生长高峰期。这时候的纳特龙湖迎来了它的主人——莱色尔火烈鸟。纳特龙湖是莱色尔火烈鸟在南非唯一的繁殖栖息地。大约有 250 万只火烈鸟生活在这个浅水盐湖里，靠水中生长的绿藻为生。除了茂盛的水藻外，纳特龙湖被大片盐沼和湿地所包围，形成了天然的屏障，阻止了天敌对火烈鸟的侵扰，让它成为了这种火烈鸟生活的乐园。在每年的繁殖

特殊环境养育了特殊的藻类，也给纳特龙湖带来了浓烈奔放的色彩。

纳特龙湖的红色与天空的蔚蓝形成鲜明的对比，只有大自然的创作敢于如此大胆地用色。

季节里，湖中密集得如红云一般的火烈鸟群，场面极为壮观。让人分不清是这些禽鸟的红色羽毛把湖水染成了红色，还是红色的湖水把鸟的羽毛染红了。

然而，也因为纳特龙湖是莱色尔火烈鸟的唯一栖息繁殖地，有限的地域和对环境条件的特殊要求，使得这种火烈鸟的生存空间狭小，从而面临种群濒危的境地。

20 世纪初，当地曾经有经济发展规划，计划在纳特龙湖的上游建造一座水电站和钠碱厂。但是建造它们的用水会增加对纳特龙湖的淡水灌注，稀释湖水的含盐度。结果会抑制水中嗜盐藻类的生长，从而给本来就面临生存危机的莱色尔火烈鸟带来更大的危害。因此东非国家五十几个环保组织和团体结成了保护纳特龙湖自然环境联盟，要求停止在湖区建厂建站的规划。在他们的努力下，电站和工厂的建设被搁置并重新进行环境评估。

纳通盐湖是整个纳通盆地的中心。在湖的四周是大片的盐沼湿地。这里生长着各种各样的湿地动植物和禽鸟。在盐度较低的水域还生存着特殊的咸水鱼类。因为这片地区丰富的生物多样性，纳特龙湖被坦桑尼亚列入了世界重要湿地名录，它也是世界野生动物基金会在非洲东部的盐沼植物保护区。

纳特龙湖是火烈鸟的天堂，湖水温暖，是火烈鸟理想的繁殖场所。

塞内加尔玫瑰湖，上帝最浪漫的一笔

从巴黎出发的拉力车队经过几千千米的长途跋涉，横渡地中海，穿越了撒哈拉大沙漠，终于到达了大赛的终点——西非塞内加尔的达喀尔。在佛得角的绵绵沙丘中，车轮滚滚、黄沙漫天，发动机轰鸣、人声嘈杂，到处是一片喧嚣。

然而在沙丘的另一边，却是一个截然不同的世界：一个粉红色的椭圆形湖泊宁静地安卧在金色的沙漠之中，与碧蓝色的大西洋近在咫尺。皮肤黝黑的男人赤膊驾小舟在粉红色的湖水中打捞作业，身着艳丽衣裙的女人在岸上成片的白色盐丘边忙碌，空中隐隐约约飘荡着节奏舒缓的民歌旋律，到处是一片宁静恬然。

这里是玫瑰湖，塞内加尔著名的自然景观。

玫瑰湖是一个面积只有 3 平方千米的盐湖，它位于非洲大陆的最西

一片温柔的粉色湖泊就是塞内加尔玫瑰湖，想都不用想就知道这个名字的由来了。每年 12 月到次年 1 月，是玫瑰湖最美的时候，阳光和水中的嗜盐微生物以及丰富的矿物质发生化学反应，它呈现出一片粉色。

端——塞内加尔的佛得角，距这个国家的首都达喀尔东北 35 千米。佛得角像一弯尖钩从非洲大陆伸向浩瀚的大西洋，玫瑰湖就安卧在与大洋一线之隔的地方。从空中俯瞰，一道细细的金色沙滩将碧蓝色的海水与粉红色的湖水分隔开来。海与湖都镶嵌着银白色的花边——海是浪花，湖是盐晶，色彩完美配搭，大自然不愧是丹青高手。

玫瑰湖美丽的色彩又是那些嗜盐微生物的杰作。随着湖水含盐度的变化，它的颜色呈现出从淡绿到深红的色调。每年 12 月到次年 1 月，是玫瑰湖最美的时候，由于阳光和水中的微生物以及丰富的矿物质发生化学反应，它呈现出如同绸缎一般的粉色，玫瑰湖的名称也由此而来。

令人难以置信的是这涂在大西洋边的一抹粉红竟然是

微观视线下，这就是那些呈现粉红色的秘密所在——嗜盐微生物，它们和矿物质、阳光共同作用产生了奇妙的粉色。

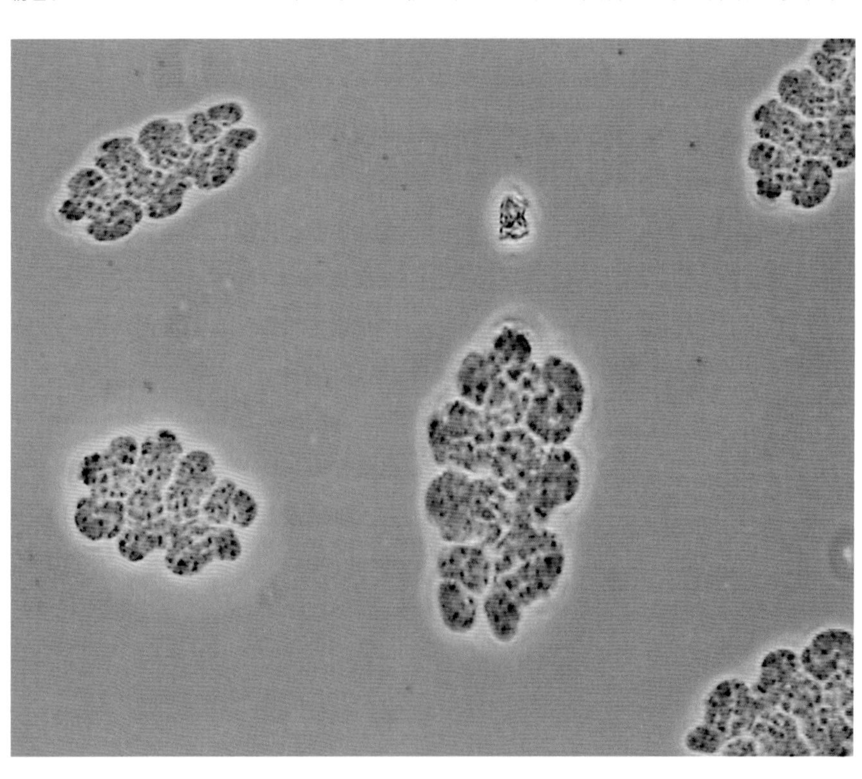

一个狂暴肆虐的恶魔留下的礼物。当地人说，湖的色彩最美丽的时候是在东面来的干热风刮起之际。那时，湖水中的盐藻在热风的催化下暴发，将湖水变成了盛开的玫瑰。

这个为大西洋捧上爱之玫瑰的献花者，是来自远方的撒哈拉大沙漠的魔鬼——波德拉凹地的沙暴。波德拉凹地位于撒哈拉大沙漠的南缘。数千年前，乍得湖的湖水曾在这里荡漾着万顷碧波。由于地球气候的变化和人类发展的需求，这个面积曾经可以与北美五大湖之一的艾瑞克湖媲美的淡水大湖不断干涸萎缩。仅仅在过去的半个世纪里它的面积就缩小了5%。碧波消失后裸露出的湖床变成了波德拉凹地。湖床上沉积的厚厚的硅藻遗骸在撒哈拉的烈日曝晒下干涸成了富含矿物质的硅砂粒。

每年的旱季，撒哈拉大沙漠中刮起的热风卷起了波德拉凹地上的沙粒形成了遮天蔽日的沙暴。它以每小时近五十千米的速度，挤过了提伯斯提山脉和安奈迪山脉形成的沙漠走廊后，如同一把金色的利剑，挥舞在西非大地，直刺到塞内加尔的佛得角，在那里催开了大西洋畔的“玫瑰”。

也许是造物主的安排，几百千米以外在烈日灼烤下死亡的硅藻变成了干枯无生命的砂粒，又被疯狂的沙暴抛在大西洋畔的湖水里，引发了他们的近亲蓝藻的生命大暴发，盛开出了大自然中最奇妙的“花朵”。

奇妙之处并没有到此为止。波德拉凹地的沙尘暴继续向西挺进，竟然横渡了浩瀚的大西洋，在美洲东海岸登陆，创造了另一个自然界的奇迹。

2006年由美国地理物理学联合会的科学家爱兰·科伦领导，由美国、以色列、英国和巴西等国的科学家组成的考察队根据在波德拉凹地、大西洋畔、大西洋洋面和巴西等地的观测点得到的数据得出了结论：从非洲撒哈拉沙漠越洋到达美国东海岸的沙尘几乎都来自波德拉凹地。而在每年被非洲的沙尘暴带到巴西亚马逊河流域的5000万吨沙尘，其中56%也来自波德拉凹地。这个研究得出的更令人不可思议的结论是：这部分沙尘正好为亚马逊热带雨林提供了维持它生长所需的富饶的土壤。

亚马逊雨林的土壤较薄，且缺乏树木生长所需的养分，尤其是可溶性的矿物质极少。季节性的暴雨又经常把土壤里从分化的岩石中得来的养分冲走，使得土壤更加缺乏养料。科学家指出：雨林土壤养分供应不足可造成湿性沙漠的危险。而每年从波德拉凹地越洋飘来的沙尘为亚马逊雨林提供了至少40%的富含矿物质的土壤。

似火的烈日——肆虐的沙暴——温柔的玫瑰——茂密的雨林，大自然的魔术师在几千千米的旅程中挥洒出的奇迹怎不令人类叹为观止？

玫瑰湖的人文风情加上它奇丽的色彩和相对方便的交通条件，逐渐吸引了从世界各地前来观光的游客。在2004年到2005年间曾经风靡全球的美国电视真人秀节目《极速前进6》里，在塞内加尔的玫瑰湖里捞盐也曾被列为竞赛项目之一，从而更提高了这个奇妙小盐湖的知名度。玫瑰湖的周围还有很多值得观光游览的

地点。除了大名鼎鼎的巴黎——达喀尔拉力赛的终点，在离湖不远的桑格尔卡姆海龟保护中心也是一个吸引游人的好去处。那里饲养了 11 种龟类，包括 4 种海龟、5 种淡水龟和两种陆龟。其中体重可达 100 千克的苏卡达象龟是世界第三大龟类，已经濒临灭绝。

岸边排满了采盐船，盐堆积如山，采盐人的简易房屋，可以看出，这里的采盐工作完全以家庭为单位，没有任何的现代化机械，完全靠人力。

玫瑰湖里的捞盐人

说起非洲大陆上众多的盐湖，人们往往首先想到的是东非大裂谷中几个著名的盐湖。其中埃塞俄比亚达纳基勒洼地的阿萨勒盐湖上令人惊心动魄的奇异色彩、肯尼亚纳库鲁湖如火烧云般铺天盖地的火烈鸟群、坦桑尼亚北部奈通湖血红的颜色……都是地球上著名的奇异地理景观。比起它们来，塞内加尔玫瑰湖虽然小而平凡，却显得更加温柔更有人情味儿。这不仅因为它柔和美妙的色彩，还因为湖中湖畔终日劳作的采盐人和他们独特的采盐方式。

对玫瑰湖畔的老百姓来说，他们关注的不是远在大洋彼岸的热带雨林，也不是湖水艳丽的色彩，而是身边这个与自己的生计息息相关的盐湖，是在它的水下隐藏的宝藏——盐。塞内加尔是西非最大的产盐国。但是它的三分之一的盐年产量，约 15 万吨是以家庭为单位的小采盐作坊生产的。这些盐主要以食盐的形式提供给本国和邻国的食盐市场。玫瑰湖所生产的盐就是其中的一部分。这个湖的湖水每升含盐高达 380 克。从 20 世纪 70 年代起，玫瑰湖生产的盐开始进入市场，并且成为塞内加尔及其邻国的渔业生产加工业不可缺少的原料。与世界上许多盐湖不同，玫瑰湖的盐不是以盐壳的形式裸盖在湖的表面，而是以盐晶的形式析出并沉积在湖底。玫瑰湖的湖水很浅，平均只有一米深，这为人们从湖水里采盐提供了便利的条件，也造就了玫瑰湖独特的采盐景观。

非洲大陆除了拥有许多内地盐湖，也有绵长的海岸。与世界各地的人们一样，采盐是在这块大陆上生活的人们

黝黑的汉子驾着简易的小船在湖里劳作，他们从湖里捞出洁白的盐装入小船。

最古老的生产劳动之一。更重要的是，这些传统的生产方式几乎毫无改变地流传至今。在大陆腹地的不毛沙漠里，人们用棍棒撬开干漠盐湖的盐壳，把它们砸成盐砖，再靠骆驼队长途跋涉运输出来；在海岸边，人们修坝筑堰，待海水蒸发，让盐分析出。而在塞内加尔的玫瑰湖，人们却把盐直接从湖水中捞出来。

这里没有任何机械化的采盐工具，完全是以家庭为单位，一条小舢板、一杆长矛和几只大桶便是全部的生产工具。为了在每天长达七八个小时高浓度的盐水中作业时保护皮肤，采盐人都要用从乳油木果中提炼出的油脂涂满全身。男人们各自驾小舢板划到湖中、跳进齐腰身的水里，先用长矛杆把湖床上沉积的盐结晶捣碎，然后把盐捞进篮子，漏去水，再扣在小船上。等到小船装满后，采盐人把它撑到岸边，女人们已经拿着大塑料桶等在那里了。她们把湿漉漉的盐一桶桶卸下船，顶在头上送到岸边自家的晒盐堆。各家各户的盐丘沿着湖岸排成了片，各自用小棍在盐堆上刻上姓氏的字母以示私有权。驾舟漂荡在湖上的男人和顶桶穿梭于盐丘间的女人构成了玫瑰湖动人的风俗画卷。

这里的采盐劳动并不仅仅局限于男子，妇女也是这里的重要劳动力，当然妇女们也从中获得了相当的收入。

长期以来，塞内加尔生产的缺碘食盐对当地人民的健康造成了不容忽视的问题。据统计，这个国家有 700 万人

口的食物没有达到应有的含碘标准，其中近250万是未成年的儿童。为此塞内加尔政府在世界粮食组织的配合和财力援助下，对本国的采盐人大力进行关于在食盐中补充碘的重要性的教育和宣传，并且在许多采盐点安装了可以自动往采集上来的原盐中加碘的机器。在玫瑰湖畔，现在也出现了不少这类加碘机。它们多由妇女们操作。男人把从湖里捞上来的盐送到岸上以后，女人在把湿盐晒干之前要把它放进加碘机补充碘化钾。

世界粮食组织将这些加碘食盐收购上来以后再提供给居民。加碘食盐不仅提高了当地居民的健康水平，它的生产也是盐工的家庭收入的来源之一，特别是妇女们从中获得了相当的收益。据统计，目前塞内加尔的加碘食盐的年生产已经达到了8万吨。

在玫瑰湖采盐的大部分是雷布人。他们是占塞内加尔近一半人口的沃洛夫族的一支，主要分布在这个国家的大西洋沿岸和佛得角地区。在沃洛夫族的传说里，他们的祖先从埃及来到大西洋边的一个叫“卡耶”的地方落了脚。因此在每年特定的日子里沃洛夫族的每个部落村庄都要用细沙、贝壳、咸鱼和盐来祭祀卡耶王“达麦尔”。在公元16世纪以前，沃洛夫族信奉原始的神明，从17世纪起他们逐渐改为信奉伊斯兰教。尽管如此，传统神明的崇拜仍然在沃洛夫族的文化和生活习俗中发挥着重要的作用。先人的灵魂、自然界的神秘力量等支配着沃洛夫族的日常生活，各种古老的祭祀仪式是在生活里重要的场合不可缺少的部分。

然而在世俗生活中，沃洛夫族却是一个没有酋长统治的自主社会。村民之间互相帮助，共同维系，和谐相处。在家庭里尊重长辈，奉行子从父、幼从长的准则。作为塞内加尔最大的部族，沃洛夫族在这个国家的现代化建设中做出了重要的贡献。在塞内加尔现代史上许多有名的政界、文化和艺术界名人都出自沃洛夫族。沃洛夫族还是这个国家的首都达喀尔建设的主要力量。

在经济上沃洛夫族主要从事农业生产和商贸活动，而他们中的雷布人却是有名的渔民。他们是塞内加尔渔业的主要劳动力。

塞内加尔在世界上以丰富的渔业资源而著名，这要归功于它的大西洋沿岸常年存在的海岸涌升洋流。在地球上的邻近大陆的海洋中，深部低温的海水在风力的推动下会沿着大陆架的坡度向海面涌升，同时把深海大量的磷酸盐、硝酸盐等有机物携带到海水表层，成为在那里生长的藻类和浮游生物的养分。是这些低等微生物吸引了大量的鱼群。塞内加尔的海岸位于西非海岸涌升流带，其海岸边存在的海沟又加强了这种作用。因此这里是资源十分丰富的渔场。在这个海域可以捕捞到 50 多种鱼类，其中 20 多种属于优质鱼种。这里还曾创下了不少捕鱼纪录。

佛得角一带的雷布人有着悠久的捕鱼历史。16 世纪以前他们驾驶独木舟去海上一连几个星期捕鱼。18 世纪以后木头帆船才代替了独木舟。20 世纪 50 年代以后机动渔船投入使用，但一直维持在较小的吨位。因此塞内加尔的渔业生产保持了较好的平衡持续发展。目前在大西洋中从事捕鱼的雷布人大约有 6 万人，拥有机动渔船 8 千艘。

在传统上大西洋捕鱼的旺季是每年的 6 ~11 月。从 20 世纪 70 年代起在每年 11 月到来年的初夏的旱季，渔民们找到了另一个可以增加收入的经济活动——到玫瑰湖采盐。

这时候，他们在海上捕鱼的小船成了在盐湖捞盐的采盐船。船舱里活蹦乱跳的鱼儿被白花花的湖盐所代替。渔歌唱晚玫瑰湖，又是另一番劳动景象。

在佛得角西面 2 千米的大洋中的格雷岛是历史上欧洲殖民者最早涉足的非洲据点之一，并以记录了历史上黑暗的奴隶贸易的格雷岛奴隶城堡而闻名。据说几千名黑奴就是从城堡面向大海的小门被押上了去新大陆的船。因此，这座门又被称为“无回之门”。400 多年过去了，当年悲惨的奴隶城堡如今成了博物馆，与对岸的玫瑰湖一样一年四季游人不断。黑非洲的历史翻过去了最黑暗的一页，正在走向充满希望的玫瑰色的未来。

打捞上来的盐还需要从小船上一筐一筐地运到岸上，堆成一个一个大小相差无几的小盐堆。

马里盐路，穿越撒哈拉

在柏柏尔语里“阿萨利”的意思比一个简单的名词要广意得多。它专指在马里北部的一种传统的采盐和运盐活动，包括了挖盐，骆驼队运输和贩卖一条龙。“阿萨利”有“合作”和“规矩”的意思，包含了有组织、有保障的行程和目的。而这个目的地就是位于马里北部荒无人烟的撒哈拉大沙漠里的盐场陶乌德尼。

从大漠深处的陶乌德尼盐场向南到尼日尔河畔的古城廷巴克图行程600多公里。这条由骆驼队走了几百年的盐路是一条起点和目的地明确，距离和方向清楚，一路的后备供给和安全确保的传统骆驼道。没有这些，不论是骆驼还是人，都很难完成这数百千米的荒漠跋涉。更不要说从撒哈拉的心脏运出那些深藏的“白金”了。

陶乌德尼出产的盐和别处有所不同，它们是一块一块的“盐板”。盐工们把挖凿下来的盐块按照规格砍成1米长、0.5米宽、厚约5厘米的大盐砖片。然后由骆驼队运输到西非的城镇市场去。

实际上，这一大漠深处的采盐运盐活动已经由土著的柏柏尔图阿利格人经营了上千年了。至今在尼日尔河畔的廷巴克图城里，在清晨和傍晚人们仍可以见到那些驼着盐板的骆驼队。尽管它们的规模已经与几百年前的场面无法相比，但这一传统仍在西北非继续着。

这些成捆的盐板堆积如山，这壮观的背后只有盐工知道它们的来之不易。

陶乌德尼盐场的秘密被公开大约已有近500年了。1587年摩洛哥军队在东进争夺西非财富的途中发现了它。

那时候，在陶乌德尼的西北面，有名的塔格萨盐场是摩洛哥军队攻占的对象。战乱让许多盐工转移到了更南面的陶乌德尼。这里是一个远古的盐湖干湖床。沉积的盐层有上百米厚。贮量比塔格萨老盐场更丰富且易开采。于是摩洛哥放弃了夺取塔格萨的初衷，开始开发陶乌德尼盐场。同时摩洛哥军队继续南下，占领了西部的颂丐王国，打通了从陶乌德尼到尼日尔河的运输通道。

在大漠里的陶乌德尼盐场，盐工们用简陋的工具在地面上先挖出一些大约 5 立方米的坑。开始的地表 1 到 2 米是红色的沙石层，然后便见到盐层了。但表层盐与土混合质量很差，无开采价值。因此仍需要继续向下挖。在高质量的盐层上，盐工们把挖凿下来的盐块砍成 1 米长、0.5 米宽、厚约 5 厘米的大盐砖片。每片大约有 30 多千克。他们把盐砖两块一组，分别挂在骆驼背的两侧。每匹骆驼负重约 150 千克。

在盐场，每当一个盐坑被开采尽以后，盐工们便转移到旁边开辟新的采盐点。数百年的开采在陶乌德尼留下了几千处大大小小的盐坑。20 世纪 60 年代时，在陶乌德尼盐场曾经修建了一座监狱。犯人们被强制在盐场采盐。这座监狱在 20 世纪 80 年代关闭，留下了监狱围墙和岗楼的遗址。

把在陶乌德尼盐场开采出来的盐砖运送到西非的城镇市场上去是一个极为艰苦的运输过程。干旱无水气候险恶的撒哈拉大沙漠自古以来就是难以逾越的天堑。公元 3 世纪时生活在沙漠地区的柏柏尔人驯化了骆驼作为穿越沙漠的运输工具。到了公元 7 世纪阿拉伯人正式开辟并使用骆驼队作为跨撒哈拉贸易的唯一方式。其中来往于马里南北的骆驼运盐队就是其中之一。

据记载在20世纪三四十年代，仅冬季运输季来往于陶乌德尼和廷巴克图之间的骆驼有4000多头，每年运出盐砖35000块。在20世纪50年代末陶乌德尼盐场生产量达到顶峰，年产量16万吨。

对于一个盐矿来说，16万吨的产量并不是一个很大的数字。但是如果想到这成千上万块盐砖是如何被斧子一下一下砍凿下来，再放在骆驼背上一步一步地走出撒哈拉大沙漠，人们不难明白这盐的来之不易。

骆驼队空载从廷巴克图出发，需要15天的时间才能到达陶乌德尼盐场。每天一整天的行走从不停脚。因为没有时间停下来烧水做饭，赶骆驼人的唯一饮食是事先准备下的小米甜茶。到了晚上歇脚时才能准备第二天的饮食。在整个600多千米行程的北部一半的路途都是寸草不生、没有一滴水的荒漠，因此在去程的路上为回程准备粮草是一项重要的任务，要在一路上不断留下草料作为回程时骆驼的口粮。

在盐场装载上盐砖以后，骆驼们20到100头为一队，头尾相接排成一队踏上回程。两个赶驼人在骆驼队的一头一尾相跟，每天清晨上路，入夜歇息。每晚露宿时他们必须要把骆驼背上的负载卸下来让骆驼休息，次日清晨再重新装载。赶驼人每天天没亮就得起身，一头一头地为骆驼队的所有骆驼装载。两个人至少装卸20头骆驼。这意味着每一天就要抬上抬下所有盐砖近3000千克。

在整个路途上，每隔大约150千米远可以见到一处小绿洲。骆驼队需要在这里补水。这段路程大约需要走3天的时间，因此如果不能保证骆驼队每天至少完成50千米的路程，人和骆驼就面临缺水的危险。

这些从大漠深处经过千辛万苦运出来的盐砖在廷巴克图可以卖每块 1 美元。因此，一个有 200 头骆驼的赶驼人经过一个月来回 1500 千米的沙漠跋涉和三四万千克的装卸载后，扣除掉付给采盐工的一半所得，他们每人只能得到 200 美元的报酬。

盐工们无奈地说："除了这个，我们又能做些什么别的来养家糊口呢？"

沙漠中穿行的骆驼队，每天要完成 50 千米的路程，中途一点儿也不能懈怠，因为在这里延误是危险的，缺水和断粮都可能让人和牲畜陷入危机。

达纳基尔凹地，
火山与盐孕育出的奇观

达纳基尔凹地又称阿法尔凹地，位于非洲之角，包括了埃塞俄比亚的阿法尔地区、吉布提和厄里特利亚。它是地球三大板块因漂移而相互作用的结果。3000 万年前，这一著名的地质运动形成了红海、亚丁湾和东非大裂谷。三大板块交汇之处便位于达纳基尔凹地一带。这里最早曾经就是红海的一部分。大约 1 万年前，一次剧烈的地壳运动使一道山脉隆起把凹地与红海隔离开来，成为一片凹地。凹地上的海水不断地蒸发掉了，逐渐变成了一个咸水湖泊。由于干旱和酷热，大量的盐分从湖水中离析出来，在湖的北部形成了一大片厚几百米、面积约 1200 平方千米的盐板。

20 世纪初，一系列新的火山活动造成了达纳基尔凹地的达罗拉地区一大片火山地貌。大小火山热点、地缝、热泉和汽泉与地下涌出的熔岩带出的黄色的硫磺、绿色的酸湖、红色的氧化铁和白色的盐结晶给予了那里令人

翠绿金黄的盐池。在这里不乏硫磺的黄色、酸湖的绿色、氧化铁的红色当然还有盐的白色。

惊心动魄的色彩。

从 2005 年以来，达纳基尔凹地持续发生了大量地震活动，仅仅在 2005 年的五、六月间就记录到 3.9 级以上的地震 160 多次，有 2.5 立方千米的熔岩从大量地表裂缝涌了出来。地质界认为，达纳基尔凹地的地质活动与海底的火山活动几乎同出一辙，是典型的海洋生成过程在地表的显现。这引起了国际地质学界的极大兴趣。

2005 年 9 月 26 日，亚地斯亚贝巴大学的地质科学家们有幸在达纳基尔凹地亲眼目睹了地球的这一惊心动魄的运动。当这些来地质考察的科学家刚刚从直升机跨出，踏上这片荒蛮的沙漠，大地突然在他们的脚下轰隆隆抖动起来。直升机的驾驶员高声喊叫着把目瞪口呆的科考人员又拉回到直升机里。几乎在同时，地面在脚下开裂，巨大的裂缝像拉锁被拉开一样向着直升机的下方伸延过来。几秒钟后，一切戛然而止，在地表留下了一条 8 米宽的地缝。从震惊里恢复过来的科学家们突然明白，自己刚刚极为难得地见证了一次地球海洋生成的初始过程。

地质科考人员目睹的这次地质活动仅仅是这一地区新的造海运动的很小一角。这片地区正在以每年 1 ~ 2 厘米的速度被不断撕裂并下沉。科学家们预计，用不了几百万年，红海的海水将漫过凹地边缘的山脉而长驱直入，将这里变成一个新的海洋。1000 万年以后，6000 千米长的东非大裂谷将整个成为海底。届时，非洲之角将彻底脱离非洲大陆。1000 万年的时间，在地质学的年代中只是短短的一瞬间，而达纳基尔凹地的地质活动就是这一瞬间的开始。

从卫星云图上看，达纳基尔凹地大片的白色盐滩清晰可见。在它的北面，达罗拉火山暗红色的凝熔岩区如同地球上一只巨大的独眼。周围白色的盐滩是它的巩膜。从中

老化的盐笋颜色发黄，看上去更像是某种岩石。千疮百孔的蜂窝状的灰黄色盐壳是古老地质的符号。

心向外呈放射状分布的深色凝固熔岩像极了眼睛的虹膜。而它的正中央瞳孔的地方就是赫赫有名的达罗拉火山遗址。与人们概念里典型的高耸锥形火山截然不同，达罗拉火山是地球表面上最低的地方，它比仅仅几十千米外的红海海面还要低百米。达罗拉火山也没有明显的山的形状，它只是一大片凝固的熔岩区。它千万年来深藏在达纳基尔凹地的腹地，少有人知晓。

在达罗拉火山周边地区。灰白色大地的颜色逐渐加深，变成了泥土样的棕黄色。一圈圈田埂样的熔岩壳围出无数直径不等的怪圈。地面变得沟壑纵横，就像刚刚被拖拉机翻犁开的肥沃的土壤。然而这“沃土”坚硬无比且寸草不生。

大地的棕黄色在逐渐变浅，失去颜色又成了死亡的灰白。然后，令人目瞪口呆的艳丽色彩出现了。前面是一大片硫磺熔岩盆地。地层深处的火山活动穿透地表的盐层，以热泉的形式出现在地表上。它带来的矿物质与盐相互作用，形成了无数形态奇异、色彩缤纷的硫磺锥、硫酸钙塔、盐华台和硫酸池，就像旱地上的珊瑚丛。

这里，翠绿金黄的盐华池托举起一座高达数米的盐塔。那边，巨大蜂窝状的热泉锥下白色、绿色和黄色的盐结晶一团团、一簇簇，宛如盛开的春花。碧绿碧绿的硫酸池中漂浮着一个个圆盘似的薄盐片，就像一朵朵金色的睡莲。鲜绿色的硫酸钙泉台上盐水向四周漫延时结晶，变成一层又一层洁

白的花边。一片黄绿色的盐壳上突然拱出一个洁白如雪的盐笋，这是昨晚地下热泉从盐壳下喷出时不断结晶形成的新作品。在五颜六色的盐滩上，它洁白稚嫩得让人心疼。定眼细看，笋尖中心竟噗噗地仍在往外喷射着超浓的盐水。用不了几天，它就会像周围无数的类似盐笋一样枯黄老去，溶解在绿色的硫酸池中，然后干涸，变成蜂窝状千疮百孔的灰黄色盐壳。到处是涓涓的盐酸溪流和像开水锅一样沸腾的热泉眼。空气里散发着火柴燃烧后的气味。一只死鸟被风干成了一团干瘪的毛，它是在这里唯一见到的动物。剩下的全是毫无生命的熔岩矿石。只有那些超自然的艳丽色彩赋予了这片土地怪异的生机感，令人毛骨悚然。

蜂窝状的热泉边白色、绿色和黄色的盐结晶一团团、一簇簇，宛如盛开的花朵。

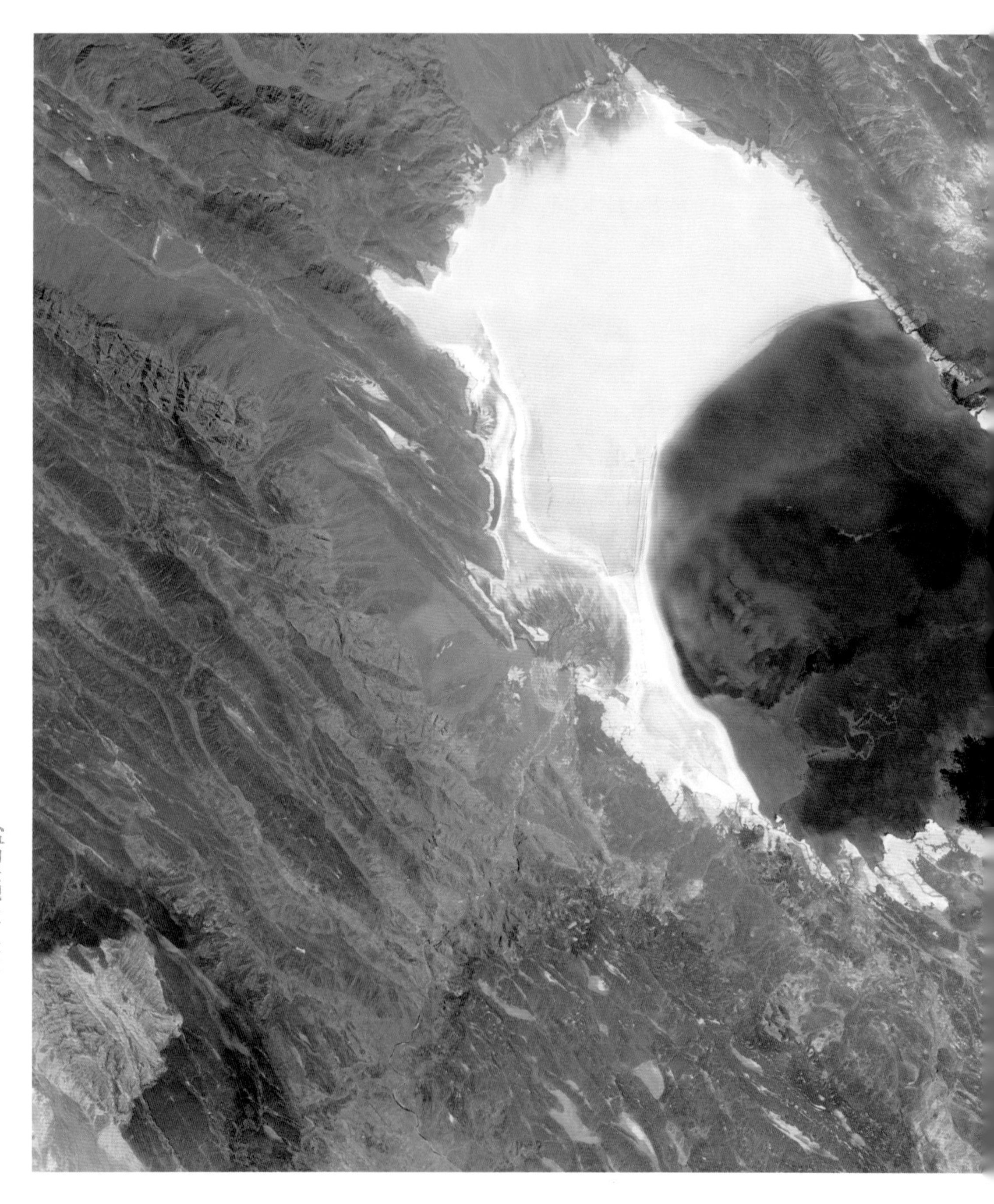

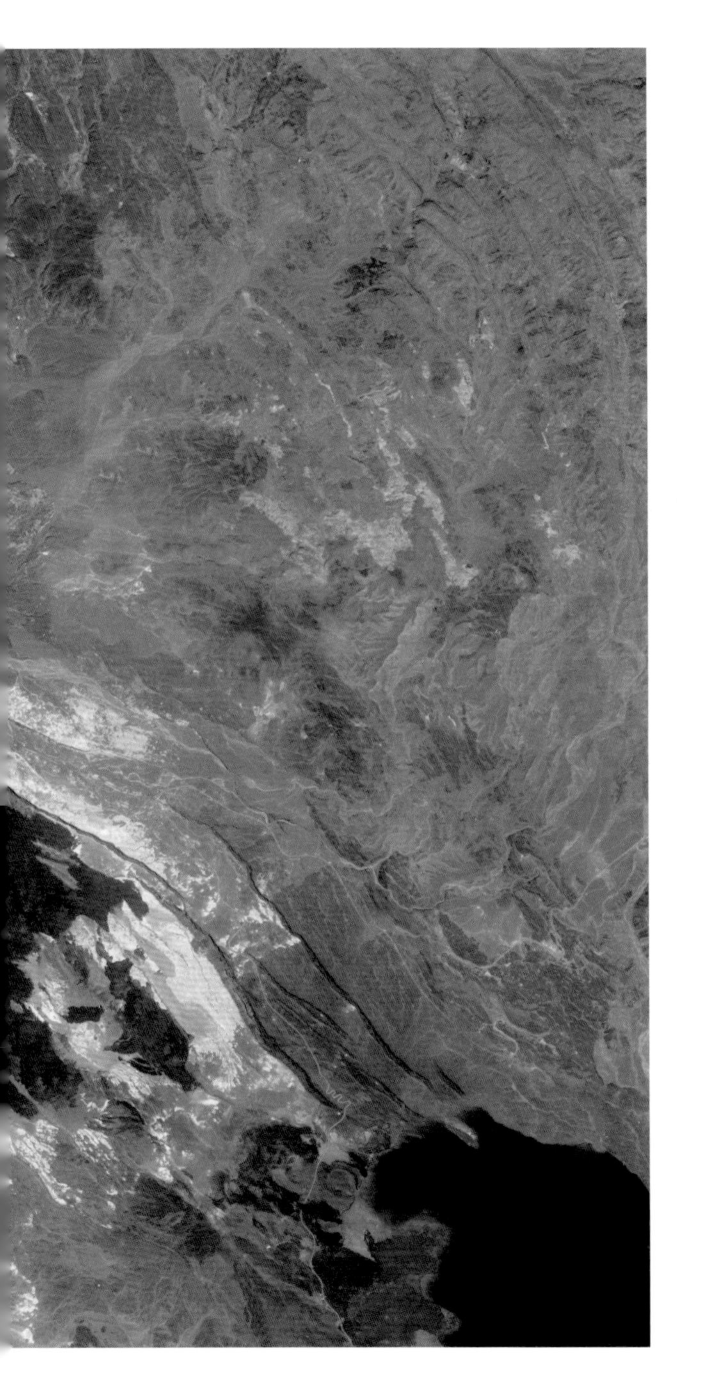

阿萨尔盐湖，
非洲之角上的白色宝库

从地理和地质学的角度上看，位于非洲之角的阿萨尔盐湖极为独特。它在海平面以下155米，是非洲大陆的最低点。它湖水的含盐度比海水高10倍，是地球上除了南极洲的东兰湖外最咸的湖泊。这里的夏季气温持续保持在摄氏50度左右，冬季的气温也达30多度。除了这些“最低、最咸、最热”等一大堆“最”的头衔外，它那过去和未来的身世也是地球上无湖可比的。在地质年代的日历上，阿萨尔盐湖在昨天是一个淡水湖泊。而明天，它将是一片真正的大海。

在阿萨尔湖的湖床下，地球的欧亚大陆与非洲大陆的板块正在经久地、不动声色地撕裂分离。在地质学上可以预见到未来的某一天，这一撕裂过程将出现一个惊心动魄的结果——非洲之角将完全从非洲大陆上脱离掉。红海的海水将越过目前与阿萨尔湖只有窄窄的一山之隔，涌灌进来与阿萨尔湖连成一片。

从卫星云图上可以看出阿萨尔湖位于这个地球板块之间撕裂的开口处——地处东非大裂谷带北端，未来，这里将从湖泊变为海洋。

阿萨尔湖的盐矿为阿法尔人带来了财富，同时也给他们带来了常人难以想象的艰苦。它是吉布提的国家宝库，也是土著阿法尔人自古以来赖以生存的唯一经济来源。

然而，将会遭到海水的没顶之灾的阿萨尔盐湖和它周围的达那克里低地，现在却是地球上最干的地区之一。

阿萨尔盐湖位于吉布提东部，非洲著名的达纳基尔凹地中。在它的西面是平均海拔2000多米的埃塞俄比亚高原。东部隔着仅仅几千米宽的山脉的那边就是红海。达纳基尔凹地是非洲大陆上的最低处，阿萨尔湖是这个低地的凹陷中心。它是一个椭圆形的盐湖，分为70平方千米的干涸盐滩和50平方千米的盐湖。经过几百万年的积淀，阿萨尔湖盐滩的厚度达到60多米，据估计有3亿吨的盐贮藏。它的湖水部分平均水深为7米左右。

阿萨尔湖是一个没有出水口的终端湖。除了极为有限的降水外，湖水的唯一来源是由于在湖底地层中一些岩缝与红海相通，有一定的海水倒流进湖里。达纳基尔凹地是地球上最炎热的地方。极热的气温和极干的气候让阿萨尔湖的水分以每蒸发 4 亿 6000 万立方米的速度不断蒸发掉。目前，阿萨尔湖靠稀少且不均的自然降水，河流和地下海水的补充，湖水的补充与蒸发达到平衡。

阿萨尔盐湖是地球上含盐度最高的盐湖，每升湖水所含的盐分多达 350 克，其中绝大部分是氯化钠。这个盐湖里和四周的自然条件极为恶劣，几乎没有任何生命可以在这种环境里生存。但它却是吉布提的国家宝库，也是达纳基尔凹地的土著阿法尔人自古以来赖以生存的唯一经济来源。阿法尔人在盐滩上从厚厚的盐壳上挖下来一块块盐砖，用骆驼队把盐砖长途跋涉运出大漠。然后翻越埃塞俄比亚高原把阿萨尔湖的盐卖到非洲各地。阿法尔人的运盐骆驼队在达纳基尔凹地的盐滩上已经走了几百年。他们所行走的盐路是世界各地的传统盐路中最艰苦卓绝的一条。

阿法尔人的运盐骆驼队在达纳基尔凹地的盐滩上默默地行走，几百年前他们的祖先也是靠这样的运输方式把盐运出大漠。

盐路，通向炼狱

暮色转眼之间便降临到了麦克力城，白天在强烈的阳光下腾起的尘土也沉落了下来。我站在这座位于埃塞俄比亚高地边缘的小城山坡上，向东方极目遥望，湛蓝的天空正在一点点地被染红，然后再变成暗紫。我在那模糊下去的远方地平线上费力地寻找着一些似动不动的小点儿和微微扬起的尘烟。土著向导哈吉曾告诉我，那就是驮盐的骆驼队踏起的尘土，他们经过了400千米的荒漠跋涉，正从“地狱”里返回来。

“地狱”位于东方不远的那片荒漠，从麦克力城要向下近3000米之处。它就是赫赫有名的达纳基尔凹地，海平面以下150米的非洲大陆上的最低点，地球上最酷热的地方。

地球上任何一个地方都无法相比的酷热，使达纳基尔凹地成为生命的禁区。只有少量非洲游牧部落，强悍的阿法尔人在这里出没。直到21世

出发以前，人们忙着整理和装载货物，骆驼安静地等着主人将盐块固定在它们的背上，似乎等待它们的漫漫长路的艰苦根本不值一提。

纪，欧洲的探险家和摄影师才深入其中，用图片记录了达纳基尔凹地大自然的奇异色彩。阿法尔人的宝藏盐滩和已经在大漠里跋涉了几百年的驮盐骆驼队的故事也随着这些图片走进了人们的视线当中。

盐，是非洲人的宝贵财富。据说从古希腊时代起，居住在富饶的埃塞俄比亚高地的人们便赶着骆驼，年复一年地咬紧牙关，走进那片令人生畏的大火炉，到那里去采集宝贵的盐矿。曾几何时，盐的价格与黄金等重，甚至直到1930年，当地人还在把盐棒直接作为货币使用。至今，驮盐人仍在几百年来骆驼踏出的小道上日复一日地跋涉，采盐和驮盐的方式也几乎没有任何改变。

明天，我们将在向导达吉的陪同下去那里做一次沙漠探险。麦克力城是这次不寻常的旅行的出发地。达吉是一个盐贩，他的家就住城中一条狭窄的小街上。当我低头走进达吉家简陋的泥屋时，眼前看到了一座宝库，大块大块白色晶莹的盐块整整齐齐地从地面一直码到棚顶。这些就是人们所称的“白色金子”——沙漠之盐。它们将被用卡车从这里运送到埃塞俄比亚各地的市场上去出售。在麦克力城里，这样的大小宝库到处可见。

在外人看来，来往于“地狱”采集“白色金子”的人具有传奇般的色彩。但只有他们自己才能真正明白运盐之旅上常人无法忍受的危险和艰辛。出发时，他们除了携带着干面包、茶叶和装满水的羊皮囊外其他一无所有。他们的骆驼背上则驮着小山一样的干草。去盐漠的一路上，这些干草将不断被存放在几个驿站，作为回程上牲口的草料。谁都别指望在那个产“白色金子”的地方找到一根草。所以只能在去程时为回程做好准备。这种既巧妙又无奈的安排源自当地的土著提哥拉亚人和阿法尔人的传统贩盐运作方式。

提哥拉亚人居住在水草丰茂的埃塞俄比亚高地上。他们拥有大群的骆驼和充裕的草料。这为他们驮盐提供了方便。但是提哥拉亚人却没有盐。那片荒凉酷热的盐滩自古以来就是阿法尔人的领地。阿法尔人骁勇好战，是唯一能忍受沙漠的酷热，在其中长期生存的土著人。他们是不会允许外人来占有自己的宝藏，并拿去卖钱的。遗憾的是阿法尔人既无骆驼又无草料，只能空守宝藏，无法实现它的价值。于是这两个土著部族之间达成了一个默契：阿法尔人在大漠深处将盐壳打开，把它切割成方便驮运的盐块，提哥拉亚人则赶着骆驼来往与大漠与高地之间，把达那克里的盐运出来，送到市场上去。

这是最常见的阿法尔人协作劳动的情景，每个人都有责任，而这种合作的方式也是祖辈传下来的。

为了见证这传奇般的地狱采盐之旅。我们租了辆越野车，在向导达吉的陪同下离开麦克力城，向着我昨天傍晚曾瞭望到的那些小黑点出没的方向驶去，去追寻骆驼队和运盐人。

离开埃塞俄比亚高地，越野车一路颠簸向下，翻过一道道干瘠的山梁。越往东绿色越稀疏，高地上湿润凉爽的风也消失得不见踪影。我们沿着一条几乎干涸的河道来到了伯拉依尔村。它的海拔 800 米，是进入达那克里盐漠的最后门户。从这里再向前就都是不毛荒瘠、乱石滚滚的山脊和干谷了。我们决定在伯拉依尔村停下来，在这里度过走入大漠的前夜。

在人类的文明与大自然的原始荒蛮的交界点，伯拉依

阿法尔人是不亚于雕刻家的能工巧匠，他们能把既坚硬又易碎的盐块削切得方正规整，每块重 6~7 千克。这样做可以保证在长途运输途中盐块的完好无损，到了市场上还能卖个好价钱。

尔村的气氛令人难忘。毫无生气荒凉的山谷里，乱石滚滚干涸的河床上，有大群大群进出盐漠的骆驼队在此歇脚。赶骆驼的人相互打着招呼，吆喝着牲口。空气里飘散着牲口身上特有的臊气。

我坐在一个简陋不堪的杂货铺前的棚子下面，一边喝着稀薄寡味的非洲啤酒，一边数了数河滩上的骆驼群，大概有500多峰骆驼。有的背上驮着沉重的盐块，显然刚从荒漠里出来。另一些正准备进入。不论是赶驼人还是牲口都在尽情地喝着水。在驮盐的路上，水往往比“白色的金子”还要珍贵。连久经考验的骆驼队也在达纳基尔凹地雨季高达50℃的酷热面前却步。所以运盐一般只在11月到次年4月进行。多的时候每天可有上千峰骆驼进出。

出了伯拉依尔村，我们的车与骆驼队分道扬镳，他们继续沿着干河谷进漠，还要走上两三天。我们的车从这里翻过几道山梁抄近路下去。

当我带着的GPS海拔仪对负海拔无能为力，久久地停在“0”的地方不再动了的时候，我们与骆驼队再次相遇在进盐漠前最后一个有人烟的地方——赫马迪拉。这里已经是寸草不生了。光秃秃的卵石坡缓缓地向下展开，前面就是开阔的茫茫盐滩。几间由乱石块和木棍胡乱搭起来的屋子歪歪斜斜挤在一块儿。杂物垃圾扔得满处都是。几个皮肤像碳一样黑的孩子在骆驼们高高的长腿下面快乐地钻来钻去。炽热的干风扑面。温度计显示的是38℃。而现在正是隆冬的季节。我们坐在骆驼踏起的尘土里掏出水壶一通狂饮。

即使在离开非洲以后很久，赫马迪拉的情景仍不断地出现在我的梦境当中。在一马平川望不到边的盐漠背景上，一个接一个大如网球拍的骆驼蹄子和千百条长长的毛茸茸的骆驼腿从我的眼前缓缓走过。再往上，是数不清的奇异的身躯和像蛇颈一样高昂的骆驼头。它们在尘烟里像绅士般地安详从容，不紧不慢，负重列队前行。恍惚中我好像来到了另一个陌生的星球。荒漠中驮盐的骆驼队就像活生生的科幻影片一样在我的面前闪过。

越野车终于到达了达纳基尔凹地，开始在一望无际的灰白色盐滩上向着达罗拉火山遗址行进。车身后扬起的盐粉在坚硬的盐壳表面波浪般散开。远远望去，越野车就像劈风斩浪般行驶在盐的海洋当中。从达罗拉火山遗址向南在白茫茫的盐滩上行驶大约 20 千米的样子，我们到达了这次盐漠之旅的目的地——达那克里盐场。一个埃塞俄比亚朋友曾告诉我，夏季里除了阿法尔人，没有任何其他人能忍受 50℃ 的高温待在这里。我对他的话深信不疑。即使在现在隆冬的季节，在白花花一望无边的大盐漠里我仍感到酷热难忍。烈日和盐滩表面强烈的反光晃得人两眼发黑，带着墨镜，目光仍然无处可放。

正是在这种近乎极限的恶劣环境里，阿法尔人方显与众不同强悍的英雄本色。他们身形消瘦，皮肤如炭一般黝黑。在烈日下的盐场上阿法尔人每三四人分为一组。先由一人用斧镐在巨大的盐板上刨出一道裂缝，然后其他几人双手各持一根木棒插进缝中，合力把一块盐板从整体上撬下来。最后又是“斧镐手”用一把特别的斧头把盐板切削成半米见方，重 6~7 千克的盐块。只有阿法尔人知道怎样把这些既坚硬又易碎的盐块削切得方正规整。这样做可以保证在长途运输途中盐块的完好无损。因为在市场上如果盐块破碎了，它的价格就会大打折扣。

准备和装载盐块往往需要一两天的时间。在人们忙着准备货物的时候，骆驼们都安静地趴在盐滩上等着。它们可以不吃不喝，仅靠自己体内储存的能量在沙漠里负重跋涉一周以上。与骆驼坚韧的体能相对照的是它们温顺安静的秉性。驼盐人不需要像管理牛羊那样东轰西拢，也不需要像管理马群那样东奔西跑。骆驼天生就是驯服工具。它们一峰跟随一峰，安详稳重地行进在大漠上，从早到晚，任烈日如火，大地腾烟。

来自高地的提哥拉亚人以每块1.25比尔（约0.13美元）的价钱向阿法尔人买下盐块。回到高地后，盐可以以近10倍的价格在市场上出售。因此尽管盐路遥遥、异常艰辛，

每一只骆驼队的主人都是英雄，他们不畏艰险，为了给家人带来更好的生活，他们常年行走在运盐的路上。

踏上回程的运盐人还是十分高兴。面对我的相机，一个运盐人兴奋地说："我现在发财了！数数我的驼队背的盐块吧。这就是我要带回去的财富。"

为家庭带回财富的驮盐人在高地的村庄里被视为英雄。然而这些财富的得来需要冒着生命危险。在高地上流传着驮盐人被沙漠里的魔鬼抓走不见了踪影的故事。这魔鬼首先就是那里的酷热和干旱。一次驮盐需要 10~20 天的时间，盐队不可能携带够全程的淡水。相当一部分淡水需要靠路上的河流补充。然而这些河流只是些断断续续的小河沟。在比较旱的年景，常常是盐队走到渴望已久的饮水点时却发现河沟早已干涸了。因此在一路上我们时不时地可以见到渴毙的牲口干瘪的尸体。据说驮盐人因此而生病和死亡的也并不罕见。

除了干和热外，另一个危险也时时在威胁着盐队。在路上我们曾遇到一个只赶着十几头毛驴的驮盐人。原来在几个月前他的驼队在沙漠里遭遇了厄里特利亚解放力量的武装人员。这些人抢劫了他的骆驼，并且命令他带路。在以后的几天里，他们在没有食物和淡水的条件下在大漠里跋涉，几乎陷入绝境。后来他们终于遇到了厄里特利亚的另一些武装人员，他们给了他一点淡水和食物，却把他的骆驼全部掠走，把他一个人扔在了荒漠里。这个九死一生的赶驼人捡回了命，却失去了赖以生活的工具——骆驼。为了生计，他现在又只好用毛驴来驮盐。我看到那些可怜的毛驴，在回程上山时被背上的盐块压得四腿发抖，十分艰难。

正午的时候，盐滩上的气温达到了 40℃ 以上。一支骆驼队踏上了归程。在炎炎烈日下、在地面腾起的热浪里，它们很快变成了海市蜃楼般浮动在半空中的幻影。在这海平面以下 100 多米的炽热凹地中，他们的目的地——海拔 2300 米、凉爽湿润的埃塞俄比亚高地是那样的遥不可及。然而，赶驼人和他的骆驼们不慌不忙地一步一步地走着，日复一日、年复一年。

又一支骆驼队从他们消失的地方出现了，它正在向着盐湖走来。茫茫大漠中传来驮盐人单调悠长的歌声："坚强，要坚强，我最坚强……"

从空中俯瞰，荷里亚湖像镶嵌在印度洋边的一块带银边的瑰丽玛瑙。它的粉红毫无杂色而且极为浓郁和均匀，醒目地静卧在碧海蓝天下和绿树的包围中。

如此奇妙的粉色湖泊在网络世界里引起了一片惊叹和议论，有人说早就有研究表明荷里亚湖湖水的粉色是由于水中藻类所含的色素。又有人反驳说最新的研究表明：在湖水里并没有找到任何藻类的踪影。还有人在问为什么把湖水舀到杯子里见不到任何颜色，不过是清水一杯？另有人还拿出自己拍摄的荷里亚湖的图片，那上面明明是一个极为普通的淡绿色的湖泊。这些众说纷纭的说法给荷里亚湖蒙上了一层神秘的面纱。

粉色盐湖，西澳大利亚的玛瑙

位于人烟稀少的澳大利亚西南部的密德尔岛是一个平坦狭长的岛屿，让这个普普通通的半岛一下子就吸引住人们目光的是半岛上的半月形的荷里亚湖。看到荷里亚湖航拍图片的人无人不会对这个湖泊的颜色感到惊奇。从空中俯瞰，荷里亚湖像镶嵌在印度洋边的一块带银边的瑰丽玛瑙。它的粉红毫无杂色而且极为浓郁和均匀，醒目地静卧在碧海蓝天下和绿树的包围中。

在荷里亚湖被发现以前，密德尔岛看上去和其他的岛屿没什么不同，苍翠的树林，晨曦的阳光照耀着氤氲的雾霭，一切都是平常的幽美。

如此奇妙的粉色湖泊在网络世界里引起了一片惊叹和

议论，有人说早就有研究表明荷里亚湖湖水的粉色是由于水中藻类所含的色素。又有人反驳说最新的研究表明：在湖水里并没有找到任何藻类的踪影。还有人在问为什么把湖水舀到杯子里见不到任何颜色，不过是清水一杯？另有人还拿出自己拍摄的荷里亚湖的图片，那上面明明是一个极为普通的淡绿色的湖泊。这些众说纷纭的说法给荷里亚湖蒙上了一层神秘的面纱。

带着这些相互矛盾的解释，我找到了荷里亚湖所在的西澳大利亚埃斯柏杭地区自然和环保办公室的约翰·里查莫先生。从他提供的第一手资料看，确实在20世纪90年代初，这个地区的自然博物馆就委托了西澳大学的生物学家对湖水的样本进行了分析，确认一种学名为Dualella sailina的嗜盐藻类是造成荷里亚湖变成粉色的原因。在藻类大量繁殖时，它们体内所含的β－胡萝卜素让湖水变红。雨季里湖水所含的盐度下降，旱季时盐度可接近饱和。湖水随着盐度的不同而改变，呈现出从淡绿到深

西澳大利亚的荷里亚湖是一片毫无杂色的粉色，然而这粉红色并不是永恒的，想要看到它的粉红色要选对时间，真得碰碰运气。

红等不同的色调来。

但是从他们多年对湖水的各种参数的观测结果来看，湖水里藻类的数量与湖水的粉红色深浅的程度并不完全成正比。比如湖水的含盐度增加时藻类产生的胡萝卜素会增加，因而使湖水的红色变得更深，但是过高的含盐度反而会抑制藻类的数量。刺激藻类大量繁殖生长的主要因素不是盐的浓度而是水里的磷氮化合物和硫化物的增加。而这两种因素对胡萝卜素产生的影响并不太强烈。光照和水温

岸边的大地就像一块粉色阶的调色板，一个又一个圆圆的粉色和红色的大小盐湖星罗棋布地散落着，你可能以为它们是现代工业的产物，而相反它们是天然的色彩。

对藻类的生长有一些促进作用，但对胡萝卜素的产生有着十分明显的促进。

“我们这里并不只有荷里亚湖一个粉色湖泊。”约翰给我看了十几张他在巡视时所拍摄的航拍照片。图片上，大地就像一块粉色阶的调色板，一个又一个圆圆的粉色和红色的大小湖泊和水塘星罗棋布地散落在海岸线一带，让人称奇不已。

原来西澳大利亚埃斯柏杭地区是一片海边的低洼平原，地域上有许多大小湖泊。它们有些在传统上就是咸水湖泊，另一些是没有水流出口的终端淡水湖泊。这类湖泊因为湖水难以不断更新，水里的盐分和有机物不断滞留沉积，也会变得越来越咸。它们的颜色也随之发生了变化。瓦尔登湖是该地区的一个较大的湖泊。在 2011 年以前它是一个非常普通的淡水湖，湖水呈草绿色。但是自从 20 世纪初该地区修建铁路，截断了瓦尔登湖与下级湖泊的连通水路后，它就成了一个终端湖泊。因此由于水质的变化藻类开始越来越多地在湖里生长。2011 年以后瓦尔登湖已数次呈现出了色阶不同的粉色。

相反，在瓦尔登湖不远的“粉湖”却因为该地区河流水网的供水情况改变而逐渐失去了粉红的颜色，已经有多年“名不符实”了。“到我们这里来寻找粉红色的湖泊并不容易。”约翰说：“它们经常会跟人捉迷藏。明明名字就叫做粉湖，你看到的却是绿色，而真正粉红的那个湖的名字却少为人知。更重要的是你要找对季节和时间。即使是每年同一个季节同一个时间，因为日照水温等其他因素的影响湖水的颜色也会有很大的不同。”

看来，想观赏美丽的粉红色湖泊只有碰运气了。

很多年景里当欧尼克斯河到达旺达湖时已经变成了在乱石滩上淌过的小溪。尽管如此，欧尼克斯河仍然是南极大陆上最大的河流。旺达湖是一个内陆终端湖，就像所有这类湖泊一样，沉积与蒸发使湖水含盐度越来越高。与永不结冻的东兰湖正好相反，旺达湖的湖面上常年覆盖着一层三四米厚的冰层。只有在南半球的夏季 12 月里，它的湖畔才会出现四五米宽的融冰带，看上去就像一条深深的水沟。

旺达湖面上的冰层上几乎没有任何积雪覆盖，冰层极为透明。上面横七竖八地布满爆裂开的冰缝。站在冰层上面看看下面碧蓝的盐湖湖水，就像站在一块巨大的透明玻璃上，感觉非常奇特。

南极东兰湖，地球上最咸的湖泊

历数地球上的盐湖，各自都以自己高得令人咋舌的含盐度而自豪。从美国的犹他大盐湖到中东的死海再到非洲之角的阿萨尔湖纷纷都以海水为参照物，它们的含盐度都要比又咸又苦的海水高上好几倍。但是在南极大陆的盐湖东兰湖的面前，这些赫赫有名的盐湖就成了小巫见大巫了，东兰湖绝对是地球上最咸的湖泊，它的含盐度竟比海水高上 15 倍。

南极大陆的干谷里的盐湖东兰湖是地球上最咸的湖泊，它的含盐度竟比海水高上 15 倍。在辽阔的南极大陆上，从空中拍摄的照片看，它只是一个不起眼的水洼。

欧尼克斯河是冰川融水形成的季节河流，是旺达湖的供水河流。因此只有在每年南半球的夏季里才有水流流向旺达湖。

如果不是因为无人可比的超高含盐度，东兰湖从哪一点都算不上是个像样的湖。它长不到300米，宽不过百米，水深刚刚没过脚面。在辽阔的南极大陆上，它仅仅是一个不起眼的水洼。在南极－50℃的严寒下，小小的东兰湖却永远不会结冰。原因很简单，它的湖水里的盐实在太浓了。它是这片大陆上唯一永不结冻的水面。

东兰湖可以算得上是地球上顶级的盐湖。但它并不孤独，在离它不远的地方，旺达湖与东兰湖一起，以超高的含盐度傲视地球上所有的盐湖。旺达湖的含盐度比海水高10倍，除了东兰湖没有其他哪个盐湖比它更咸。

旺达湖位于南极大陆北端的维多利亚地的山谷里，面积大约5平方千米，水深平均30米。一条内流河欧尼克斯河是旺达湖的供水河。欧尼克斯河是冰川融水形成的季节河流。因此只有在每年南半球的夏季里才有水流流向旺达湖。它的水量视气候而时大时小。很多年景里当欧尼克斯河到达旺达湖时已经变成了在乱石滩上淌过的小溪。

旺达湖是一个内陆终端湖，就像所有这类湖泊一样，沉积与蒸发使湖水含盐度越来越高。与永不结冻的东兰湖正好相反，旺达湖的湖面上常年覆盖着一层三四米厚的冰层。只有在南半球的夏季12月里，它的湖畔才会出现四五米宽的融冰带，看上去就像一条深深的水沟。

旺达湖面上的冰层上几乎没有任何积雪覆盖，冰层极为透明。上面横七竖八地布满爆裂开的冰缝。站在冰层上面看看下面碧蓝的盐湖湖水，就像站在一块巨大的透明玻璃上，感觉非常奇特。

高盐度使旺达湖里没有鱼类。虽然有时候也有嗜盐藻类在湖水里生长，但在这超低温和超高含盐度的极限环境里，连在地球其他盐湖里可以爆发式生长的藻类也很难形成气候。

另话说盐

在美国，每年冬季公路的撒盐量高达近 2000 万吨。对于一个普通人来说，对用盐量的认识一般只是所谓的『每日摄入量』仅仅以克甚至毫克计。数千万吨的路盐真正是一个天文数字。而且这里所说的盐正是我们所熟悉的食盐——氯化钠。

每年冬季盐的公路投放的确带来了十分可观的正面效果。据统计，路盐的使用让美国冬季的公路撞车事故下降了 88%，伤亡数字下降了 85%。也使由于这类事故造成的直接和间接经济损失减少了 85%。然而也不难想象，如此巨大的盐的地面投放也肯定会对公路四周的土壤、植被和附近的水源带来不少负面的影响。研究表明：离公路周边 10 米以内区域的土壤会因为直接撒盐，盐水流淌或者路上汽车高速行驶时把路上的盐雪飞溅等原因，造成了土壤的盐饱和。

钙盐，黑暗中开放的石头花

人们爱用“石头开花”来形容世界上难以实现的奇迹。然而在遍布地球的地下岩洞中，石头们正在黑暗中盛开着美丽得令人惊艳的奇异花朵。它们是地表水滴水穿石塑造出的矿物盐奇观。

水在地球的表面奔流，却并不是“百川归海”。有相当大的一部分地表水渗入了地下，消失在我们看不到的岩层深处。当地表水穿过厚厚的岩层，终于渗入到地下岩洞中时，它已携带了满身的故事。它们记载着水滴一点点穿

岩石中所含的矿物质给予石花的色彩多偏冷色调。镍盐表现为翠绿色，让石花像一蓬蓬翠色欲滴的植物。

在地下岩洞中，盐晶体在黑暗中附着在石头上，把坚硬的石头伪装成“毛绒玩具”。

过岩石缝隙的经历，也携带着一路上遇到的各种岩石成分和矿物质。其中最主要的是碳酸钙的化合物——钙盐。

在岩洞里，这些碳酸钙盐一点点地析出，形成了洞穴岩石的基本成分——方解石、霰石、石英和石膏晶体。正是这些地球上最普通的岩石在水的作用下，不仅形成了千姿百态的钟乳石、石笋、石帘和石珠，而且让黑暗无光的地下岩洞盛开出晶莹碧透和五彩缤纷的石花石草来。

方解石的名称来源于希腊语中的石灰岩之意。它是地球岩层中最主要的岩石成分之一。在地壳三大主要岩石中都含有方解石。它还是地球石灰岩沉积层的重要组成部分。虽然方解石很普通，但它具有 300 多种晶体和上千种不同形态。它的变化多端的美丽形态让人们感到惊奇。

方解石石帘是地下岩洞中常见的奇观之一。无数纤细的石针密密麻麻地从洞顶垂下来，在灯光的辉映下晶莹碧透，让人如入水晶宫中。造成这美丽的水晶帘的是地球的重力作用。当地下水从穹顶渗出来时，由于毛细作用，新渗出的水滴悬挂在已生成的石针的外缘。由于它的表面张力在各个方向上均匀分布而形成了环形。长年累月，水滴中所含的钙不断析出来使石针不断加长。它们直径均匀、长短不一、垂直而下，组成了一片片的石帘。法国依赛尔省的科朗诗岩洞有着世界上最著名的方解石石帘。成千上万根石针悬挂在地下湖的上方，在水面上映出了奇妙的倒影。

霰石与方解石有着相同的化学成分，但却因不同的晶格而呈现不同的晶体结构。霰石的热力学结构不稳定，在常温和常压下，经过漫长的时间霰石最终变成结构稳定的方解石。

扭曲的六角形晶体是霰石最有名的形态。这些如同一丛丛乱麻般的晶体的生成是因为在晶体发展过程中晶格的误排列所造成的。它们常常表现成多枝杈密集成束的石树林或旱珊瑚丛。除了常见的洁白如雪的霰石丛外，在地下的岩洞里还可以见到红、黄、绿、蓝等色彩不同的霰石丛，就像一片片五彩斑斓的石花园。

造成石花五颜六色的或者是地表土壤中所含的各种有机物，或者是岩石中所含的各种矿物离子。石花的橙、红、棕等颜色通常并不是铁或镁的氧化物，而是源自地表有机植物在腐化分解后产生的有机酸。只要在每吨方解石中含有 10~130 克的有机酸，岩石就会呈现出从橙红到棕黑的暖色调来。

与有机物的染色效果相反，岩石中所含的矿物质给予石花的色彩多偏冷色调。铜离子的存在让石花呈现孔雀石样的碧蓝，氯离子为深蓝，钴离子为淡紫。镁离子在方解石中含量较多，它会让石花呈现粉红色。镍离子很稳定，镍盐表现为翠绿色，让石花像一蓬蓬美丽的翡翠。而当镍离子与钙离子发生化学反应后，石花可以呈现出美丽的黄色。

水的物理与化学作用是石花形态产生的主要原因。当水流渗出速度较大时，重力作用是主导的作用力。它创造的作品是钟乳石、石笋和石帘。而在水缓慢渗出的情况下，结晶则是主要的表现形式，产生了美丽的水晶宫，而在各种不同作用力共同存在的情况下，晶体生成的走向无规则可循，杂乱无章地向四处伸展，于是便形成了千姿百态的石花丛和石珊瑚。

在岩洞地面上浅凹处，从洞顶跌落的水滴在地面形成一层薄薄的积水，给予了水中的碳酸钙以较充分的时间析出并沉积形成钙化。如果跌落的水滴在到达地面时因地形的原因从垂直下落变为水平的旋转运动，就有可能产生十分奇特的石珠和石球。石珠和石球形成的机理与蚌壳内珍珠生成的机理相同，是由于从水中析出来的钙在旋转水流的作用下，一层层逐渐包绕在某些细小的砂砾四周而成的。石珠常常成群存在，小的只有几毫米，大的可达数厘米。意大利的帕克麦尔拉岩洞的石珠群是世界上最奇妙的石珠现象之一。

在地下岩洞里，除了方解石和霰石生成的美丽石花外，还有另外两种比较常见，让人惊奇的矿石晶体——石英和石膏晶体。

石英是硅的氧化物之一，也是地球数量最多的矿石之一。石英的变种的形态和颜色变化多端。发育良好纯净的石英晶体无色透明，被称为水晶。而掺杂有其他矿物质的石英晶体会呈现出各种美丽的颜色，是矿石收集爱好者和珠宝商人喜爱的宝石。

石膏是海洋沉积层的重要成分，因从海水中蒸发而成而含有多种矿物质、气体和水分。石膏晶体是良好的绝缘体，摸上去很温暖。石膏晶体或者以细如发丝的晶针束形式存在，或者表现为晶莹碧透的水晶花，或者在地下岩洞中经过漫长的时间而形成巨大的晶阵。

在地下岩洞中经过漫长的时间而形成巨大的晶阵，像寒冷冬季的冰凌花。

公路用盐，另一种盐的奇观

在加拿大和美国生活的人对盐的认识除了饭桌上的那个小瓶子里的白色细颗粒外，最熟悉的恐怕就是每年冬天里在马路和公路上撒得满地都是的粗盐粒了。

冬天，每当天气预报说在数小时之内将有暴风雪到来时，高速公路和城市的大小街道上便出现了一辆辆满载着冒尖的粗盐的撒盐专用卡车。它们一边行驶一边慷慨地从屁股后面哗哗地把盐撒到路面上，弄得雪还没下来路上倒先铺上了一层白花花的盐。这也算得上是一种另类盐的景观吧。不过这些盐可不是用来观赏的。它的目的只是为了加速冰雪的融化，防止公路打滑，以达到减少和避免公路交通事故的目的。

与冰雪的成分淡水相比，盐水有融点更低的特点。而这个融点的温度与盐水的浓度有关。一般情况下淡水在0°C 时开始结冰。而浓度为 10% 的淡盐水在 -6°C 时开始结冰。如果盐水浓度达到 20%，它在 -16°C 时才会结冰。因此如果路上的雪中掺进了盐，路面就会在一定的低温下不结冰。不过如果气温低于 -20°C 时，路面上水完全是以质密坚硬的冰的形式存在。撒上盐粒后它们很难溶进冰里，也就很难起到降低融点使冰雪融化的目的了。幸好在北半球的大部分地区出现这种极端寒冷的情况不多。

美国和加拿大一直就以“建在车轮上的国家”而闻名。公路交通是国家的命脉。不论是国家和地方的经济还是国民的日常生活，离开了公路简直就要陷入瘫痪状态。在美国全国有 70% 以上的居民居住在地球降雪带。有 70% 的

公路位于年降雪量在 13 厘米以上的地区。而位于更北面的加拿大这个数字就更高了。可想而知冬季的公路交通安全在北美有着怎样重要的意义。

冬天里暴风雪到来时，加拿大和美国的高速公路和城市的大小街道上便出现了一辆辆撒盐专用卡车，它们满载着冒尖的粗盐，一边行驶一边把盐撒到路面上。

据美国盐研究所的统计，每年冬天在美国因公路积雪问题造成的事故会造成 1300 多人死亡和近 12 万人受伤，因公路积雪而堵塞造成的经济损失，在被调查的美国 16 个州和加拿大两个州里，每年就高达 7 亿美元。这个损失还没有包括城市和高速公路清扫积雪的开销。

至少到目前为止，人们能找到的最经济有效的解决冬季公路畅通和安全的方法就是撒盐。

往公路上撒盐以融冰这种方法从 20 世纪 30 年代起就已经开始在北美使用了。几十年的现代化工业和经济的发展，北美的公路交通网高速发展。国家经济和人民生活对公路的依赖也越来越大。盐在保障冬季公路交通畅通和安全上起了至关重要的作用。

在美国，每年冬季公路的撒盐量高达近 2000 万吨。对于一个普通人来说，对用盐量的认识一般只是所谓的“每日摄入量”仅仅以克甚至毫克计。数千万吨的路盐真正是一个天文数字。而且这里所说的盐正是我们所熟悉的食盐——氯化钠。

每年冬季盐的公路投放的确带来了十分可观的正面效果。据统计，路盐的使用让美国冬季的公路撞车事故下降了 88%，伤亡数字下降了 85%。也使由于这类事故造成的直接和间接经济损失减少了 85%。

然而也不难想象，如此巨大的盐的地面投放也肯定会对公路四周的土壤、植被和附近的水源带来不少负面的影响。研究表明：离公路周边 10 米以内区域的土壤会因为直接撒盐，盐水流淌或者路上汽车高速行驶时把路上的盐雪

洒落在公路上的盐为野生动物提供了食物盐分，经常可以见到野生动物在舔舐路边散落的盐。

飞溅等原因，造成了土壤的盐饱和。土壤里氯和钠离子的浓度过高会影响一般的植物对水气和养料的吸收。高盐度还会影响草种的发芽和花朵的结籽。这使得公路边的传统草木逐渐被抗盐的植物品种替代。盐的作用还会让土壤板结，通气和造水性能受害，不利于植物的根系发育。

但是到目前为止，人们还没有找到比氯化钠盐更有效而且更经济的公路融雪替代物。研究表明钙和镁的氯化物盐也具有很好的融冰效果，而且它们是可生物降解的化合物，对土壤不仅危害很小，还可以在一定程度上改善土壤的稳定性。遗憾的是这类化合物的价格比氯化钠贵得多。而且气温下降到 -22℃以下后它们就没有了融冰的作用。而钾盐正好相反，它比氯化钠的融点还低，但是对土壤的毒性也更大。

总之，在找到更合适的替代物之前，目前人们可以依赖以保障冬季公路的通畅和安全的唯一物质还是氯化钠盐。

海水淡化，
向盐宣战

英国有一首关于水手的著名歌谣这样唱道：“水啊水，到处是水，我被海水包围。渴啊渴，口真渴，没有一滴可进嘴。”

这歌谣生动地表达了人类和两个与其性命攸关的元素——水和盐的微妙关系。

在我们居住的这个星球上，水多得无穷无尽，但 98% 都是含盐的海水。只有 2% 是人类可以饮用的淡水。它的大部分又以极地冰盖和高山冰川的形式存在着。人类可以直接利用的淡水形式——河流和湖泊就更少了。

从人类开始航海的时代起，就开始寻找淡化海水以便在紧急缺水的情况下可以饮用的方法。但那都是局限在一些十分特定的条件下才会考虑的。比如，需要长期海上生活作业的行业，渔民、水手等。但是近半个世纪以来，随着世界工业化现代化的飞速发展和地球人口的激增，人类对淡水的需求已经变成一个全球性的具有战略发展性质的大问题。淡水的缺失与能源的缺失一样已经影响到了世界的政治格局和全球经济的稳定。

对淡水的饥渴驱使着人类用一切可能的方法找水，筑坝截流，让河流改道，抽取地下水源。尽管一个又一个的湖泊因此而见底，一条又一条河流消失，一个又一个的泉眼干涸，但地球上的淡水资源还是越来越不能满足人类的需要。于是人类把饥渴的目光最后投向了海洋。

海洋，那里的水无穷无尽，真正是取之不尽用之不竭。然而正如英国水手的歌谣哀叹的那样，这浩瀚之水却没有一滴可以让人类解渴。唯一的原因就是因为——盐。

盐，自古以来被人类称为“白色的金子”。它是那样的宝贵，那样的生命攸关，哪怕是几天无盐，人便失去了生活下去的力量。但是在对淡水的渴望面前，盐却成了人们最想弃除的东西。而弃除的方法就是海水淡化。

海水淡化的方法从根本上看是对大自然中的水循环的模仿。在自然界，地球江河湖海里的水以蒸发的形式跑到了空气里，又遇冷凝结变成雨雪落回到地面上来。人类对海水的淡化遵循的是同样的道理。最传统的海水淡化方法就是把海水加热到沸点，让水分变成蒸汽与盐分分离开，然后让蒸汽冷却再变成可以饮用的淡水。

另一种比较现代化的海水淡化方法是利用半透膜等渗

海岸上铺设着巨大的海水淡化设备，为了解决淡水缺乏的问题，人类向海洋的索取以飞快的速度在发展。

的原理，在压力的辅助下让水分透过半透膜，而盐和其他金属离子留下来，从而分离盐与水。

不论是蒸馏法还是渗透法利用的都是十分简单的物理原理。但是海水淡化的实施却面临着重大的问题。这是因为实现盐与水的分离过程必须有巨大的能源消耗。因为严重的耗能使海水淡化工程的代价非常昂贵。这是目前大部分地区和国家都难以承受的。因此，长期以来世界上淡化技术的发展主要集中在淡水极缺又拥有雄厚的经济和能源实力的国家，如中东和北非的石油大国和美国等工业发达国家。

但是，随着世界各国对淡水资源的需求越来越迫切，海水淡化成了一个无法绕过的选择。越来越多的国家和地区开始向大海要淡水。目前全世界已经有 120 个国家开发了海水淡化项目。全球的海水淡化工厂已经有 15000 座。2001 年到 2011 年的 10 年间，世界的海水淡化能力增加了近3倍，达到每天63亿立方米。然而这个淡化量只能满足世界各国对淡水需求的百分之一。

可喜的是海水淡化技术一直在不断地完善和提高，尤其是对这项技术的关键——耗能量有了明显的改善。在20世纪60年代使用透析工艺，每淡化1加伦海水的成本需要15美元，现在已经下降到了2.5美元。尽管如此，海水淡化仍然是一个成本相当高的淡水工程。

在美国加州的洛杉矶，政府为了解决圣迭哥地区的居民生活用水问题，投资9亿2000多万美元修建了一座海水淡化厂，预计可以解决7%的城市饮用需要。但是由于工程造价昂贵，每个家庭的水电费因此要每月提高5~7美元，这引起了一片不满和抗议。

无论如何，用钱来换水已经是人类无法回避的选择了。目前看来，海水淡化是解决人类对淡水的渴求的唯一可行的方法。

为了生命之水，人类正在向盐宣战。

海水淡化即利用海水脱盐生产淡水。是实现水资源利用的开源增量技术，可以保障沿海居民饮用水和工业锅炉补水等稳定供水。现在所用的海水淡化方法有海水冻结法、电渗析法、蒸馏法、反渗透法。

黄金盐皿，失窃的蒙娜丽莎

法兰西国王弗朗索瓦的黄金艺术盐皿，古罗马神话里的海神和大地女神相对而坐。在海神的身边有一支黄金小船作为盐皿。作品寓意着盐是海洋和大地共同捧出的宝藏。

2003 年 11 月，陈列在维也纳国家博物馆里的一件展品失窃。消息传出震惊了西方世界。它可不是一件普通的艺术品，而是被誉为“雕塑艺术的蒙娜丽莎”的顶级文艺复兴时期的艺术珍品。

这件奥地利的国宝是一个黄金铸造的小盐皿。

盐皿是餐桌上放盐的小容器。在现代人的饭桌上小小的盐瓶是必不可少的，又是微不足道的，卑微得还不如旁边的酱油瓶儿。可是在七八百年前，它却是欧洲王公贵族的豪华餐桌上最显赫的器皿。盐皿的材料、质地和外观不仅显示了主人的身份、地位、财富和艺术教养，它在餐桌上摆放的位置还表示了主人对客人的尊重程度。在进餐时，小盐皿总是放在离尊贵的客人最近的位置。

盐皿的这一高贵身份与当时盐在人类社会和生活中的宝贵是分不开的。中世纪的欧洲，由于得之不易，盐的价格几乎与黄金不相上下。盐的贸易带来了暴利，促进了一座座城池的繁荣。盐在中世纪的人类发展中起到了相当重要的作用。

在中世纪欧洲各国王室收藏的艺术品当中，盐皿也是很重要的一项。法国国王查里五世、英国国王亨利八世收藏的盐皿都是非常珍贵的艺术珍品。1543 年，意大利文艺复兴时期最著名的金匠和雕塑家本韦努托·切利尼为法兰西国王弗朗索瓦一世精心打造了一件黄金艺术盐皿。它高 25 厘米，用黄金铸造，镶嵌着象牙和瓷。在这件作品上，古罗马神话里的海神和大地女神相对而坐。在海神的身边有一支黄金小船作为盐皿。作品寓意着盐是海洋和大地共同捧出的宝藏。

后来法国国王查尔斯九世把这件黄金盐皿作为礼物赠送给了哈德斯堡王朝的皇帝费尔迪纳德二世。从此它成为了奥匈帝国的国宝，从 19 世纪起就一直被收藏在维也纳的国家博物馆里。

这件黄金盐皿造型精美，又出自文艺复兴时期的艺术巨匠之手，被誉为与达·芬奇的绘画《蒙娜丽莎》齐名的文艺复兴时期的雕塑珍品。更重要的是，由于它是切利尼留下的唯一传世黄金雕塑作品，身价就更加珍贵。作为国家博物馆的馆藏品，奥地利著名的保险公司对它的保价高达 7000 万美元。

然而在 2003 年 11 月国家博物馆的维修期间，盗贼打碎了展览室的玻璃，盗走了这件绝世珍品。维也纳国家博物馆为此悬赏 7 万欧元寻找线索。奥地利警方也四处调查了整整 3 年。终于在 2006 年找回了这件宝物。

破案的经过十分出人意料。在黄金盐皿被盗后不久，博物馆曾经接到了盗贼打来的电话，索要巨额赎金。当时这笔交易并没有进行，警方也没能找到盗贼。但是这个电话却留下了一个线索。

经过调查，警方查到打这个电话的手机是在两年前在维也纳的某一个手机店卖出的。而最巧的是这个手机店安装的摄像头清楚地记录下了买主的相貌。于是警方把买手机者的照片打印出来，四处张贴通缉。不久，这个通缉告示被盗贼的一个熟人认了出来。他很快告诉了盗贼本人。

因为身份大暴露，盗贼无处可逃，最后只好到警方自首，并指证了自己藏金的地点。

于是，在维也纳北面 90 千米的一片小树林里警方挖出了一个小铅盒，里面正是失踪了 3 年的黄金盐皿“蒙娜丽莎”。

盐皿的材料、质地、和外观不仅代表着主人的身份、地位、财富，并且能反映出主人的艺术修养。它在餐桌上摆放的位置则代表了主人对客人的尊重程度。

相扑比赛前会在场地上撒盐，这是为了起到辟邪、净化场地的作用。因为相扑运动最早来源于日本神道的宗教仪式，而神道教义认为盐能驱赶鬼魅。

盐的趣话

盐让我们的生活有滋有味，让地球的景观五彩缤纷，让城乡的交通畅通无阻，也是日常化工业不可缺少的原料。盐还有许多让人意想不到的妙用，留下了不少鲜为人知的趣话。

据说早在几千年前盐就是世界一些伟大文明的军事统帅对敌人实施彻底灭绝的利器。古罗马征服非洲的统帅大西庇阿、迦太基的大军、马其顿的亚历山大大帝都曾经在被征服的土地上大举撒盐，为的是阻止粮食作物的发芽生长，从而让敌国存草不生，再难以恢复生机。

与这些古代强权用盐为土地“节育”的手法正好相反，在中世纪的欧洲流行着一种让男人“育种”的盐疗方法。当时在妻子和情妇中有一种让雄风不再的丈夫或情人重新振作和让他们的雄起更持久的方法，就是在做爱以前往男人的屁股和性器官上抹盐，或者干脆让他们先来个盐水浴。据说经过这种“处理”的男人都会一扫萎态，焕发阳刚。

在 1577 年的图画上，反映出当时的妻子或情妇们对男性实施的土方法——在其屁股和生殖器上抹盐，据说这样可以令其焕发阳刚。

用盐来治男人的阳痿的确有些匪夷所思和残酷。怪不得这种方法没有流传下来。不过另一种盐的酷刑倒是在意大利的监狱里使用了很长的时间。这就是在闷热的行刑室里强迫犯人喝下大量浓盐水。很快这些犯人就因口渴难忍以至精神崩溃而招供。

1936 年，意大利的监狱刑讯逼供的特殊手段是让犯人喝大量浓盐水，很快囚犯就因难以忍受的口渴而招供。

在古罗马，由于盐的暴利催生了极高的盐税。为了避免交税，古罗马人发明了一种叫作“卡鲁姆”的鱼酱。它是一种有点像越南的鱼露的调味品。人们把鱼肉放进很咸的盐水里，加上一些葡萄酒、橄榄油和香料，经过长时间的腌制后制成一种半固体的鱼酱。它营养丰富、易于保存，当然也咸得够呛，因此在烹饪时可以代替盐。更重要的是因为“卡鲁姆”是调味品，可以不用交盐税，因此受到了古罗马人的青睐，并逐步发展成为一种古罗马的美食。

在被誉为“西方经典美食”的法兰西烹饪里，各种各样的调味酱汁是重要的内容。“酱汁”这个词最早出现在1450年。它的字面意思是“盐水汁”。法兰西美食的祖师爷吉尤姆·提埃尔把盐水汁不断加以改造和完美，终于让它成为了法兰西美食里不可缺少的重要部分。

在现代，一些品牌的食盐是几代人熟悉和喜爱的日常用品。美国老牌的食盐“莫尔敦”已有100年的历史了，可以说是美国普通人家庭必备的调味品。1914年，莫尔敦食盐推出了自己的商标——一个打着雨伞的黄衣女孩。尽管在她的雨伞上雨水飞溅，但小女孩水里拿着的一个小盐瓶仍然像下雨一样喷撒出盐粒来。而配合这个画面的莫尔敦公司的宣传口号是“天气再潮湿，我们的盐都保持松散！”

现在这个打伞的黄衣小姑娘已经成了美国人家喻户晓、老幼皆知的卡通明星了。她也让莫尔敦食盐的美名一代一代地在美国大众里流传下去。

盐是具有防腐作用的，古埃及人在制作木乃伊的时候，会使用大量的盐让尸体脱水，防止尸体腐败。

这个打着雨伞的黄衣女孩是美国人家喻户晓的卡通明星，因为她是美国老牌食盐“莫尔敦”的商标，在美国可是人尽皆知的。

图书在版编目（ＣＩＰ）数据

盐的景观（世界篇）/ 秦昭著. -- 北京：中国林业出版社，2013.12
（地理中国）
ISBN 978-7-5038-7296-9

Ⅰ.①盐… Ⅱ.①秦… Ⅲ.①盐 - 地理分布 - 中国 Ⅳ.① O611.65

中国版本图书馆 CIP 数据核字 (2013) 第 298496 号

策划出品：北京图阅盛世文化传媒有限公司
责任编辑：张衍辉　何　蕊　董立超
审稿顾问：林家骅　高宗麟
图片提供：搜图网 www.sophoto.com.cn

出版 / 中国林业出版社（北京市西城区刘海胡同 7 号）
电话 / 010-83223789
印刷 / 北京雅昌艺术印刷有限公司
开本 / 787mm × 1092mm 1/16
印张 / 15
版次 / 2014 年 11 月第 1 版
印次 / 2014 年 11 月第 1 次
字数 / 175 千字
定价 / 68.00 元